走进军事世界丛书

MILITARY AL...

杀人恶魔：生化武器

ZOUJIN JUNSHI SHIJIE CONGSHU

本书编写组◎编

世界图书出版公司
广州·上海·西安·北京

图书在版编目（CIP）数据

杀人恶魔：生化武器 /《杀人恶魔：生化武器》编写组编．—广州：广东世界图书出版公司，2010.8（2021.5 重印）

ISBN 978－7－5100－2501－3

Ⅰ．①杀… Ⅱ．①杀… Ⅲ．①生物武器－青少年读物 ②化学武器－青少年读物 Ⅳ．①E931－49②E929－49

中国版本图书馆 CIP 数据核字（2010）第 151515 号

书　　名	杀人恶魔：生化武器 SHAREN EMO SHENGHUA WUQI
编　　者	《杀人恶魔：生化武器》编写组
责任编辑	康琬娟
装帧设计	三棵树设计工作组
责任技编	刘上锦　余坤泽
出版发行	世界图书出版有限公司　世界图书出版广东有限公司
地　　址	广州市海珠区新港西路大江冲 25 号
邮　　编	510300
电　　话	020-84451969　84453623
网　　址	http://www.gdst.com.cn
邮　　箱	wpc_gdst@163.com
经　　销	新华书店
印　　刷	北京兰星球彩色印刷有限公司
开　　本	787mm × 1092mm　1/16
印　　张	13
字　　数	160 千字
版　　次	2010 年 8 月第 1 版　2021 年 5 月第 10 次印刷
国际书号	ISBN　978-7-5100-2501-3
定　　价	38.80 元

前　言

生物武器、核武器、化学武器是大规模毁伤性武器，而生物武器与化学武器又被世人合称为生化武器。

自从16世纪末，人类发明了显微镜，用它看到了许多肉眼看不见的细菌后，紧跟着又在19世纪末，发现了比细菌更小的病毒。这使人们逐渐明白了许多传染病的发病原因，并研究出了治疗的药物和预防的方法，为保持人类健康找到了办法，拯救了许多人的生命。可是，战争的狂人们却大力研究、使用微生物，将其作为生物战剂，制造人工杀人瘟疫——生物武器。

虽然国际社会已制定了《禁止试制、生产和储存并销毁细菌（生物）和毒剂武器公约》，但有些国家秘密地研究和生产生物武器的步伐并没有停止，人类仍将面临生物武器的威胁。

虽然化学有毒物质用于战争可以追溯到古代，但真正意义上的化学武器却出现在20世纪初。化学武器是一种大规模杀伤破坏性武器，与普通常规武器不同。它具有剧毒性、空气流动性强、中毒途径多等特点和巨大的杀伤威力，有特殊的军事价值。因此，从它诞生的一刻起，就不断在战争中使用，与战争结下了不解之缘。

化学武器从第一次世界大战的初露锋芒、异军突起，到第二次世界大战中欧洲的化学战危机及日本在亚洲的大肆使用，直至战后几场大规模的局部战争，几乎都充斥着化学武器的影子，并在战争中发挥很大作用。

长期以来，化学武器一直被超级大国所垄断，并被视为军备竞赛的一个重要领域和维持自身世界霸权的一个重要筹码。众所周知，化学武器被视为邪恶的不人道的武器，历来为国际社会所禁止，制定的有关公约不下10个。但是为达到战争或战役目的，战争的一方或双方往往是不顾世界舆论的谴责铤而走险。1993年国际上签订了《全面禁止化学武器公约》，随着新公约的生效，化学武器是被彻底销毁，退出战争舞台，还是继续发展并仍在战争中使用？我们只能拭目以待。

我国是生化武器的受害国，日本在侵华战争中曾对我国大量使用生化武器，使我军民近十万人中毒伤亡。“前世不忘，后世之师”，我们热切希望一个没有化学武器的世界，但同时不应该放松警惕，加紧做好防护准备。

因为生化武器本身的特殊性，加上其技术性很强，人们也许对它了解得并不多。本书较系统地介绍了生化武器的产生、发展到逐步成熟的过程，描述了生化学武器的种类、性能以及在战争中的使用情况，并对生化武器的未来发展趋势作了预测，力求使读者对生化学武器有一个全面真实的认识。另外，为了使读者了解如何对生化学武器及有毒物质进行有效防护，本书还专门介绍防护器材及有关防护知识。

目 录
Contents

什么是生化武器

生化武器是利用生物或化学制剂杀伤敌人的武器，它包括生物武器和化学武器。

生物武器

所谓生物武器，就是由生物制剂和施放装置组成的一种大规模杀伤性武器。它能在敌军中散播瘟疫，从而有效地摧毁敌人的战斗力并能保持工业及社会财富的相对完整性。生物武器只能伤害人畜或植物，对无生命的生产资料、建筑物等没有影响，所以利用生物武器摧毁被侵略地区的军事和经济力量，实现军事目的是一种有效而方便的手段。

当前生物战剂主要有细菌、立克次体、衣原体、真菌和病毒，还有由细菌或真菌产生的毒素。病毒可能是更有效的武器，因为大多数细菌感染都可以被抗生素和药物所控制，而病毒则一般无药可用。病毒可以以气溶胶的形式在空气中传播从而感染范围更广，且比食物、水、昆虫或鼠类传播更难控制。在基因工程技术高度发展的今天，这种武器的价格比较便宜，用人工方法制造出像艾滋病毒一样的无法对付的病原，或者将各种抗药性基因集中到某种特定的病原菌体内并非不可能。

生物战使用的致病微生物要求是传染性很强的，在适合条件下短时间即能引起瘟疫，而且作用范围很大。例如用一架飞机运载生物战剂造成的杀伤面积可以达到3000平方千米以上，而同样运载的核武器（100万吨级）

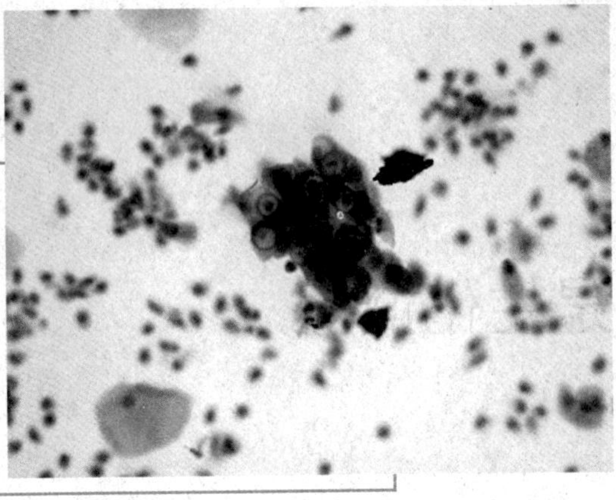

衣原体显微图

或化学武器（15 吨神经毒）的杀伤面积分别只有 100 和 60 平方千米。生物战剂一方面可以迅速起作用且严重致病，另一方面作用的持续时间可以很长，例如能形成芽孢的细菌或真菌的孢子可以存活数年到数十年，有些病毒甚至可以在媒介动物体内长期保存，造成瘟疫的根据地。

当然，生物武器也有缺点，首先是必须在使用前让自己的队伍能够获得免疫能力，而这一点是很费事的，尤其不利于保守机密。同时使用时对自然条件要求很高，大风、强烈日光或暴雨可能使生物武器完全失效。

化学武器

化学武器是以毒剂杀伤有生力量的各种武器、器材的总称，是一种威力较大的杀伤武器。其作用是将毒剂分散成蒸汽、液滴、气溶胶或粉末状态，使空气、地面、水源和物体染毒，以杀伤和迟滞敌军行动。按毒剂的分散方式，化学武器可分为爆炸分散型、热分散型和布撒型。

化学武器的特点是杀伤途径多，毒剂可呈气、烟、雾、液态使用，通过呼吸道吸入、皮肤渗透、误食染毒食品等多种途径使人员中毒；持续时间长，毒剂污染地面和物品，毒害作用可持续几小时至几天，有的甚至达数周；其缺点是受气象、地形条件影响较大。

在人类战争史上，利用生化武器作为攻击手段的记载很多。著名的例子是 1346 年鞑靼人利用鼠疫攻进法卡城。原来鞑靼士兵中有人因感染鼠疫而死亡，他们把死者的尸体抛进法卡城里，结果鼠疫在守城者中蔓延，使法卡城人终于放弃了法卡城。18 世纪英国侵略军在加拿大用赠送天花患者的被子和手帕的办法在印地安人部落中散布天花，使印地安人不战而败，这是殖民统治者可耻的记录。

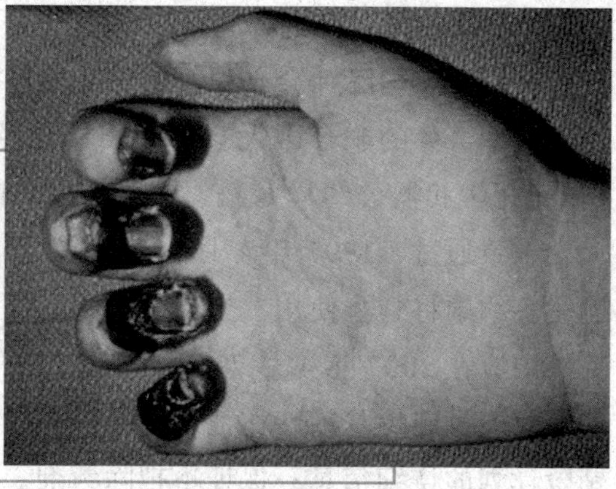

鼠疫症状

现代战争中，使用生化武器开始于第一次世界大战。1915 年 4 月 22 日 18 时，德军借助有利的风向风速，将 180 吨氯气释放在比利时伊伯尔东南的法军阵地。法军惊慌失措，纷纷倒地，15000 人中毒，5000 人死亡。伊伯尔之役后，交战双方先后研制和使用了化学武器。德国间谍将炭疽杆菌的培养物投放到协约国军队的饲料中，造成战马瘟疫流行。第一次世界大战中，化学武器造成了 127. 9 万人伤亡，其中死亡人数 9. 1 万人，约占整个战争伤亡人数的 4. 6%。日军侵略我国期间，曾多次对我抗日军民使用毒气，臭名昭著的 731 部队利用细菌武器杀害我国成千同胞，日本失败后在我国埋藏的细菌武器和化学武器在几十年后仍然多次引起中毒事件。1961 ~ 1970 年，美军先后在越南南方 44 个省，使用化学武器达 700 多次，中毒军民达 153. 6 万人。

臭名昭著的 731 部队遗址

科学是一把双韧剑，它可以造福人类，但一旦被战争狂人利用，也会毁灭人类。国际社会必须对生化武器进行限制。1992 年 9 月，草案由负责裁军事务的联合国大会第一委员会经过长达 20 多年的艰苦谈判的《禁止化学武器公约》定稿，并于 1992 年 11 月 30 日由第 47 届联合国大会一致通过，1997 年 4 月 29 日生效。《禁止化学武器公约》主要内容是签约国将禁止使用、生产、购买、储存和转移各类化学武器，所有缔约国应在 2007 年 4 月 29 日之前销毁其拥有的化学武器；将所有化学武器生产设施拆除或转作他用；提供关于各自化学武器库、武器装备及销毁计划的详细信息；保证不把除莠剂、防暴剂等化学物质用于战争目的等。条约中还规定由设在海牙的一个机构经常进行核实。这一机构包括一个由所有成员国组成的会议、一个由 41 名成员组成的执行委员会和一个技术秘书处。

生物武器概述

什么是生物武器

生物武器旧称细菌武器。生物武器是生物战剂及其施放装置的总称，它的杀伤破坏作用靠的是生物战剂。

生物武器的施放装置包括炮弹、航空炸弹、火箭弹、导弹弹头和航空布撒器、喷雾器等。

什么是生物战剂

生物战剂是军事行动中用以杀死人、牲畜和破坏农作物的致命微生物、毒素和其他生物活性物质的统称，旧称细菌战剂。生物战剂是构成生物武器杀伤威力的决定因素。致病微生物一旦进入机体（人、牲畜等）便能大量繁殖，导致破坏机体功能、发病甚至死亡。它还能大面积毁坏植物和农作物等。

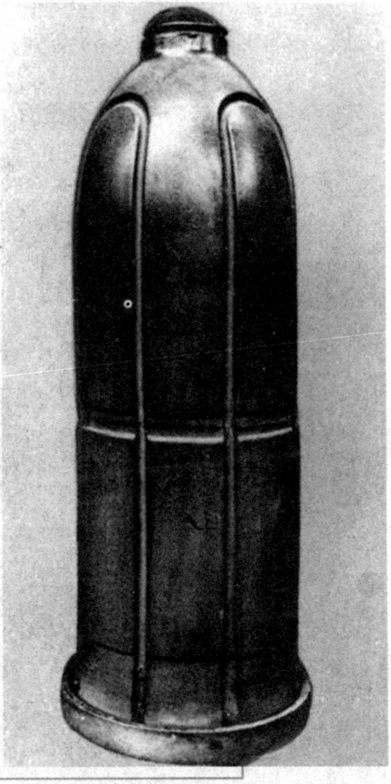

石井四郎设计的旧式宇治型细菌炸弹

生物战剂的种类很多，据国外文献报道，可以作为生物战剂的致命微生物约有160种之多，但具有引起疾病能力和传染能力的为数不算很多。

生物战剂的分类

1. 根据生物战剂对人的危害程度，可分为致死性战剂和失能性战剂：

（1）致死性战剂。致死性战剂的病死率在10%以上，甚至达到50%~90%。主要有炭疽杆菌、霍乱狐菌、野兔热杆菌、伤寒杆菌、天花病毒、黄热病毒、东方马脑炎病毒、西方马脑炎病毒、癍疹伤寒立克次体、肉毒杆菌毒素等。

（2）失能性战剂。病死率在10%以下，主要有布鲁氏杆菌、Q热立克次体、委内瑞拉马脑炎病毒等。

2. 根据生物战剂的形态和病理可分为以下6种：

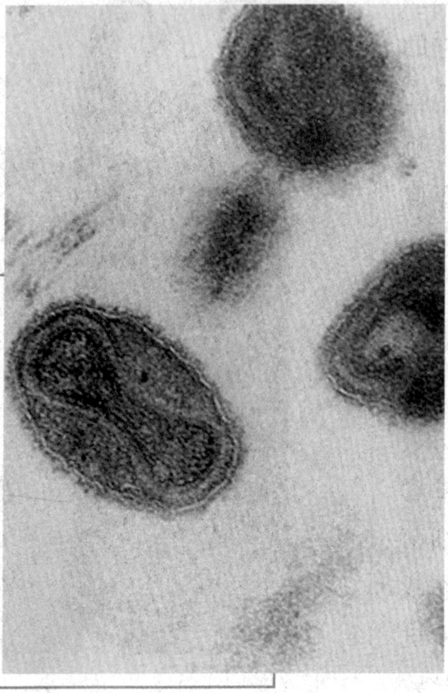

天花病毒显微图

（1）细菌类生物战剂。主要有炭疽杆菌、鼠疫杆菌、霍乱狐菌、野兔热杆菌、布氏杆菌等。

（2）病毒类生物战剂。主要有黄热病毒、委内瑞拉马脑炎病毒、天花病毒等。

（3）立克次体类生物战剂。主要有流行性斑疹伤寒立克次体、Q热立克次体等。

（4）衣原体类生物战剂。主要有鸟疫衣原体。

（5）毒素类生物战剂。主要有肉毒杆菌毒素、葡萄球菌肠毒素等。

（6）真菌类生物战剂。主要有

粗球孢子菌、荚膜组织胞浆菌等。

3. 根据生物战剂有无传染性，可分为2种：

(1) 传染性生物战剂。如天花病毒、流感病毒、鼠疫杆菌和霍乱弧菌等。

(2) 非传染性生物战剂。如土拉杆菌、肉毒杆菌毒素等。

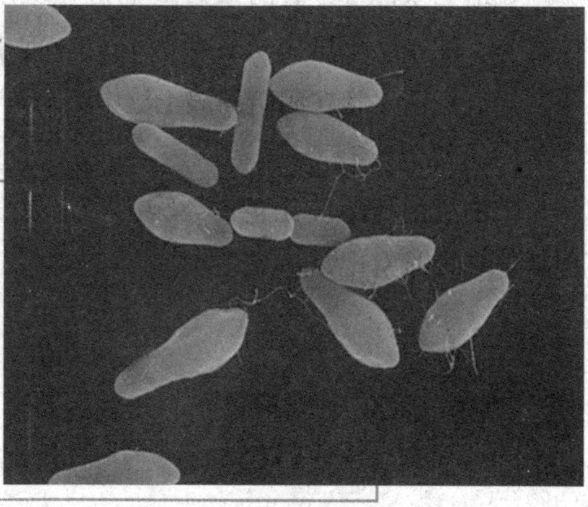

肉毒杆菌毒素显微图

随着微生物学和有关科学技术的发展，新的致病微生物不断被发现，可能成为生物战剂的种类也在不断增加。近些年来，人类利用微生物遗传学和遗传工程研究的成果，运用基因重组技术界限遗传物质重组，定向控制和改变微生物的性状，从而有可能产生新的致命力更强的生物战剂。

生物武器的特点

生物武器的特点主要有致命性、传染性强、生物专一性、面积效应大、危害时间长、难以发现等。

(1) 致命性、传染性强。

一旦发生病例，易在人群中迅速传染流行，造成人员伤亡，甚至造成社会恐慌。

(2) 生物专一性。

生物武器可以使人、牲畜感染得病，并能危及生命，但是不破坏无生命物体，例如武器装备、建筑物等。

（3）面积效应大。

现代生物武器可将生物战剂分散成气溶胶状以达到杀伤目的。这种气溶胶技术在适当气象条件下可造成大面积污染。

（4）危害时间长。

在适当条件下，有的致命微生物可以存活相当长的时间，如 Q 热病原体在毛、棉布、土壤中可存活数月，球孢子菌的孢子在土壤中可以存活 4 年，炭疽杆菌芽胞在阴暗潮湿土壤中甚至可存活 10 年。

（5）难以发现。

生物战剂气溶胶无色、无味，不容易发现，若在夜间或多雾时偷偷使用就更难及时发现。

最早的生物武器

自然瘟神的威力

唐朝天宝十三年（公元754年）六月，剑南留守李宓率领7万军队去攻打南诏，南诏国王阁罗凤诱他到太和城后而闭城不与之交战。李宓军因患疟疾和饥饿死亡人数80%，不得不撤退。阁罗凤趁机引兵追击，全歼了李宓的军队。

这次李宓军与其说是被阁罗凤歼灭，不如说是被疟疾瘟魔歼毁。从古至今，多种传染病往往伴随着军事行动而发生，致使军队因患病造成非战斗减员，这在很多时候大大超过武器杀伤所引起的战斗减员，导致军事行动受挫。

公元571年，埃塞俄比亚的军队包围麦加时，由于天花流行，使埃军濒于灭亡。十字军远征中东，也是由于天花流行，几乎被毁灭。1489年，西班牙殖民军队包围格林纳达岛期间，约有17000人死于斑疹伤寒，比其战斗伤亡人数多5倍。1733～1865年所有欧洲的战争中，

古都麦加

约有800万人死亡，其中死于战场仅150万人，其余650万人均死于传染病。1741年，在英国入侵墨西哥和秘鲁的战争中，2.7万名英军中约有2万名死于黄热病。

1812年，拿破仑一世远征俄国战败，使50万士兵丧生，其中主要是死于斑疹伤寒。1854～1856年的克里米亚战争期间，霍乱、肠伤寒及斑疹伤寒猖獗，致使双方部队战斗力大减，战场死亡与传染病死亡的比例为1∶3。

1859年入侵阿尔及利亚的法国军队，由于霍乱流行，1.5万人的远征军有1.2万人患病，因此被迫撤退。第一次世界大战期间，塞尔维亚及土耳其军队遭到斑疹伤寒的严重侵袭，在半年时间里约有15万人死亡；而且在巴尔干的12万法国军队中，有80%因患疟疾而住进医院；就连未参加战斗行动、处于良好条件下的瑞士军队，也有66%的人员患病。

另外，1897～1898年，仅一年里，在罗得西亚就有150万头牛羊因传染病而死亡。1845～1847年，几乎所有的欧洲国家都发生了马铃薯调萎病，在以马铃薯为主要粮食的爱尔兰，连续两年歉收，使100万人饿死，150万人被迫逃亡海外。就连很常见的流行感冒也在1918年开始的世界大流行中，传染了5.5亿人，仅仅一年多的时间就造成大约2000万人死亡，几乎是那时刚刚结束的第一次世界大死亡人数的2倍。

这些都一再地给军事家们以启示：既然战时在军队及后方居民中间发生的流行病，也会极大地削弱一个国家的军事及经济力量，那么用人工传播疫病，就可以达到削弱敌军的目的，于是在战场上有目的地使用瘟神便开始了。

黑色瘟魔使用

用人工使用瘟神，造成传染病，在史料中亦有记载。

最早的一次细菌战发生在1346年，鞑靼人围攻克里米亚东海岸的卡发城(现今费奥多西亚)。该城是一座重要的贸易港口城市。由于热那亚人在卡发城修筑了坚固的城防设施，鞑靼人围攻3年之久，也无法攻克。当时正值鼠疫在亚洲发生，通过商业贸易的交往，此疫也被携带至克里米亚，致使围攻卡发城的鞑靼人染上了鼠疫。鞑靼人将鼠疫患者的尸体放在机械投掷装置上，抛入卡发城内。守城者莫名其妙地观察尸体，猜测着鞑靼人在玩什么鬼花招，后来鼠疫开始在卡发城守卫者中传染。热那亚人大量地染病而死亡。

幸存者无法再坚守下去，被迫放弃卡发城，从水路逃离。当时从水路逃离的热那亚人乘坐渔船，途经西西里岛、撒丁岛、科西嘉岛，最终到达位于意大利西北部的热那亚港，他们使其他乘船者也感染了鼠疫，不断有人发病而死，到终点时大部分发病而死，幸存者不到起船时的1%；更为严重的是，鼠疫也随着这些幸存者在欧洲登陆，先从意大利蔓延，后传遍了欧洲，导致约2000万人死亡，约占当时欧洲人口的1/3。该次事件被称为“黑色死亡”。

英军“送礼”

1763年，英国殖民者入侵加拿大，遭到当地印第安人的激烈反抗。一天，抵抗侵略者的两名印第安人首领，忽然收到了英国人送来的“礼物”——毯子和手帕。难道英国人有意讲和了吗？印第安人大惑不解。然而，没过多久，很多印第安人便陆续得病，失去了战斗力，还有许多人因病而亡，英国人达到了不战而胜的目的。

原来，1763年3月，英国驻北美总司令杰佛里·阿默斯特爵士，写信给当时在俄亥俄—宾夕法尼亚地区进攻印第安部落的亨利·博克特上校，他建议：“能不能设法把天花病菌引入那些反叛的印第安部落中去？在这时候，我们必须用各种计策去征服他们。”于是博克特命令自己的部下，从医院里拿来了天花病人用过的毯子和手帕，上面沾染了天花病人皮肤黏膜排出的病毒。一天，正在同英军作战的两位印第安部落首领，突然收到了英军用来表示“和解”、“友好”的“礼物”——毯子和手帕。没有见过这类“西洋”织物的善良印第安人，出于良好的愿望收下了这些“礼物”。

可是几个月后，在印第安人世代居住的地区，一种从未见过的奇怪的疾病迅速流传于印第安部落。英国人用这种奇怪的“礼物”，打了一场听不见枪声的战争，使印第安人无条件地缴枪投降。

现代生物武器

现代生物武器的发展简史

进行生物战的手段，时常与化学战不同。生物战的后果表明，敌人是在不放一枪一炮、兵不血刃的情况下取胜的。联合国在有关生物战的报告中指出，近代世界要进行生物战可能有以下几种途径。

一是与化学战一样，使用炸药进行爆炸，将生物战剂，即细菌或病毒分散开来。这种方法倒是干脆，但却存在诸多缺点：难以准确对准目标、炸药的破坏性冲击和爆炸产生的热量使很大一部分菌剂损失而不能发挥作用。二是用喷洒器喷洒，喷出可悬浮于大气中的菌剂。第三是用飞机布洒干剂或制成细菌战弹。此外，还存在着专门适用于秘密战和恐怖行动的生物战手段，它们与特务、间谍之谋杀、纵火、投毒等行径相似，是新时期值得人们重视的罪恶行径。

生物战的图景之一，就是那些神秘的带手提包的放毒者，对水库、通风系统、车站、商店等场所进行布毒污染。这种行动在战争中，如在核袭击后的敌国卫生机构混乱中或紧急动员时，就会变得更为有效。一旦生物战付诸实施，其造成的损失将无法估计。前苏联专家说，若将核武器、化学武器与生物武器三者进行比较，生物武器对人员所造成的伤亡损失，将是最大的。

20 世纪以来，科学进一步发展，生物学、微生物学和武器生产技术的发展，为研制生物武器提供了条件。细菌战、生物战也随着科技发展的足迹发展起来。

生物武器的研究、发展和实战大致可分下述三个阶段。

第一阶段是从20世纪初到第一次世界大战结束，主要研制国家为德国，研制的战剂仅仅是人、畜共患的致病细菌，如炭疽杆菌、马鼻疽杆菌和鼠疫杆菌等。其生产规模小，施放方法简单，主要由间谍用细菌培养物秘密污染水源、食物和饲料。1917年，德国间谍曾在美索不达米亚用马鼻疽杆菌感染协约国的几千头骡马。

第二阶段是从20世纪30～70年代，这是生物武器空前发展的时期。其突出表现是机构增多，经费增加，专家从业人员剧增，科技含量特别是高科技含量空前增多。这一时期的特点是发展的战剂增多，生产规模扩大，主要施放方式是用飞机施放带有战剂的媒介物，扩大了攻击范围。

1936年，日本侵略军在我国东北哈尔滨等地区建立了大规模研究、试验和生产生物武器的基地，其代号为731部队。该部队司令官为日本军官中将石井四郎，基地有工作人员约3000人。基地编有众多医学专家和部队文职人员。基地设有细菌研究部、实战研究部、滤水器制造部和细菌生产部等。不少专家直接深入课题研究班内。这些班似乎既像研究室，又像专题组。班的名称各异，内容不同。它们是：昆虫班、病毒班、冻伤班、鼠疫班、赤痢班、炭疽班、霍乱班、病理班、血清班、伤寒班、结核班、药理班、立克次氏体班、跳蚤班等。这些课题班针对中国气候、土壤、疫情等具体情况，以中国人或俄国人、朝鲜人为实验对象，进行以中国为目标的细菌战研究活动。基地建成后，细菌战剂每月生产能力为鼠疫杆菌300千克、霍乱弧菌1吨，每月能生产45千克的跳蚤并研制出包括石井式细菌炸弹在内的8种细菌施放装置。

1940年7月，日军无视国际公约，在我国浙江宁波地区空投伤寒杆菌70千克、霍乱弧菌50千克和带鼠疫杆菌跳蚤5千克；1941年夏季、1942年夏季又分别在湖南常德、浙江金华、玉山一带投放细菌，污染土地、水源及食物，造成上述地区近千人死亡。在这期间，英国自1934年开始从事对生物武器的防护研究，1939年决定从防护性研究过渡到进攻性生物武器研究。1941～1942年间，英国曾在苏格兰的格林亚德荒岛上进行炭疽杆菌芽孢炸弹的威力试验，受试羊群大部得病而死。多年来，该岛仍被炭疽病威胁。德国于1943年在波森建立生物武器研究所，主要研究如何利用飞机喷洒细菌气溶胶的方法、装置，研究的菌剂有鼠疫、霍乱、斑疹、伤寒、立克次氏体和黄热病病毒等。

美国也是细菌战大国。美国国防部1941年11月成立了生物战委员会，1943年4月在马里兰州的迪特里克堡建立了生物战研究机构，该机构占地5.2平方千米，有2500名雇员和500名研究人员，1944年在犹他州达格威试验基地建立生物武器野外试验场。此外，埃基伍德兵工厂和松树崖兵工厂也承担某些研制任务。美国在生物武器研究方面，有两个重要的成就，在当时轰动世界，并被认为是生物武器技术的两大突破：一是完成了一系列空气生物学的实验研究，即“气雾罐计划”，对生物战剂在气体中悬浮的存活情况、动物染病机理和感染剂量进行了深入、细致的研究，奠定了生物气溶胶云雾作为攻击方式的基础。这是一切细菌、生物或器材，特别是炸弹、布洒器方面的设计、使用的基本理论。二是研制成功大量冷冻燥粉状生物战剂，提高了生物战剂的稳定性和储存时间。这一点对储存、运输和使用有重大意义。生物战剂与化学战剂之间的重大区别就在于前者是活性生命物质。美国军队研究的战剂有炭疽杆菌、马鼻疽杆菌、布氏杆菌、类鼻疽杆菌、鼠疫杆菌、鸟疫衣原体等。

第二次世界大战之后，最大的细菌生物战行动属美国20世纪50年代的细菌战活动。50年代的朝鲜战争中，美国曾在朝鲜北部和我国东北地区猖狂地进行细菌战。细菌战的主要方式是用飞机撒布带菌昆虫、动物及其他杂物。经国际调查证明，它使用的生物战剂有鼠疫杆菌、霍乱弧菌及炭疽杆菌等10余种，进犯次数达3000次。

20世纪60年代后期，美国政府宣布放弃使用生物武器。1972年4月10日，美英苏三国签署了《禁止细菌（生物）及毒素武器的发展、生产及储存以及销毁此类武器公约》。美国等国家的生物武器研制表面上停止了。

前苏联在这个时期也进行过细菌生物战研究活动。据外电报道，由微生物细菌携带者蚊蝇蚤虱转向鸟类，特别是定期迁徙的候鸟是前苏联生物战之一大发明，引起人们的重视。另外，前苏联在生物战研制活动中，曾发生的斯维尔德洛夫斯克爆炸事件，受到世界的强烈谴责，此后活动便大大收敛。

第三阶段开始于20世纪70年代中期。由于生物技术迅速发展特别是脱氧核糖核酸，即生物的遗传物质基因的发现和重组技术的广泛应用，为生物战的发展展现了极为广阔的前景，因为它不但有利于生物战剂的大量生产，而且还为研制、创造和生产特定的适合于生物战要求的新战剂创造了条件。生物技术的飞速发展，已将传统的生物武器带进了"基因武器"新阶段，从而再次引起一些国家对生物武器的重视。尽管已有禁止生物战公约在世，尽管生物武器已被带入"基因武器"范畴，我们仍应对生物战战剂有一基本了解。

基因武器也称基因工程武器，它和"基因"一词一样是近年来出现的。这一新名词和很多词汇一样，是社会进步和科学发展的结果。

我们要了解基因工程武器，首先要了解什么是基因工程。基因工程也叫遗传工程，它是70年代才发展起来的一门新兴学科，在生物工程中占重要地位。基因工程是在分子生物学的基础上发展起来的一项技术科学，是人们用类似工程设计的方法，对生物的遗传物质进行加工、改造，以改变生物的性状、创造新的生物物种和品种的一门技术。

大科学家詹姆斯·沃森博士系英国人、剑桥大学教授，他于1953年首次发现脱氧核糖核酸，即基因，1962年获诺贝尔奖，1977年与剑桥大学同仁一起研究并发表了一张有关人体基因分布图。1988年，沃森博士又参加了美国资助的人体基因研究工作，即有史以来科学家们最注入希望的生物工程研究项目。

沃森认为，基因工程的本质就是把生物的遗传物质基因，即脱氧核糖核酸的分子片段，从生物细胞中分离出来，然后进行剪切、拼接重组，也就是对遗传物质基因进行人为的"嫁接"，把一种生物的基因嫁接到另一种生物体中去，从而使后者获得新的遗传特性。只是我们平常所知道的杂交，不管是植物还是动物界，都只能在生物界同一种类间进行，不同种的生物间不能实施，如水稻与大豆、猴子与黄牛之间都不能进行有性杂交，在高等生物与细菌间更不可能。但是，基因这个东西在所有生物中都是一样的，都是脱氧核糖核酸，即DNA。也就是说，这DNA可以突破固有的生物种间的限制，能够进行改造或重组，这就为人类定向改造生物创造新的生物物种开辟了广阔的前景。因此，又有人把基因工程称为重组DNA分子技术。

利用这种技术，美国孟山都公司研制出具有特殊性能的西红柿。这种西红柿抗寄生虫、抗病原体和抗病疾，同时还在试图研制果肉更多的超级西红柿。

利用这种技术，可为包括我国在内的千百万渴望减肥的人带来福音。这种技术不仅可以使列入肥胖者禁食的食品清单中所含脂肪急剧减少（例如猪肉)，而且还可以制造出带天然奶油风味、不增加热量的爆玉米花来。专家说，听起来，奶油玉米花好似神秘，其实它比培育超级西红柿简单得多。美国新泽西州的脱氧核糖核酸植物技术工厂利用一项称为单一分子变化的技术，选择出从爆玉米花中培育的带有奶油风味的菌种，然后再利用特制的荷尔蒙和营养液培植分离等操作而完成了这项工作。

利用这项技术，1988年1月，在美国得克萨斯州惠勒克的一个农场里，繁育了7头特种小公牛。这些小公牛是从人工授精的胚胎中成长的。它们是通过无性繁殖的方法，将获奖公牛的胚胎移植到普通母牛体内而生产的。采用无性繁殖的方法，人们可以从一个小小的胚胎起家，繁殖出大量的、高质量的、几乎是一模一样的猪、牛、羊。这真是亘古未有的奇迹。克隆技术的发展，从某种角度说来，可以算是20世纪的重大突破。

生物技术利用基因工程最终将可识别并复制出具有遗传特点的生命物质。这是生物遗传技术令人生畏的地方。当生物技术在为提高人类生活水平、消灭饥饿，挽救濒临灭绝物种的同时，也为人类带来一系列令人不安的问题。

人类不能不关心的是，怎样才能确保已被改变了遗传基因的生命组织不给人类带来灾难性后果？怎样才能防止人们从基因工程中寻找有可能用来进行战争的东西？

事实证明，这绝非是杞人忧天。世界的现实表明，没有任何一项技术，没有任何一项发明创造，不曾被军事家与战场相联系，基因工程也摆脱不了这种情况。基因工程即遗传工程，在工业、农业和医学方面有着广泛的应用前景。但是正像大科学家诺贝尔发明炸药，并未想把它用于人类互相残杀的战争一样，科学家们创造 DNA 重组技术时，也不是为了用于战争，但又很难不使人产生军事方面的诱惑。

国外已经有人成功地利用基因重组技术获得对链霉素有抗药性的鼠疫菌和土拉菌，并且能够使其在比较简单的培养基上进行制造、生产。通过人工合成新的基因将有可能使新的微生物对人具有更强的致病效应，对环境具有更大的适应性。这样的研究肯定最终会导致生物武器发展到新阶段，即基因武器阶段。如果改变病毒的外层蛋白质结构，原来有效的疫苗将丧失其保护功能，原来有特异性的诊断和治疗方法也将丧失其特异性。

1969 年，美国国防部发言人向国会作证说："在今后 5 至 10 年内，很可能研制出一种新型致病微生物。这种致病微生物在某些方面不同于任何已知微生物。最重要的是，我们用以控制传染病的免疫和治疗措施对于这种新型微生物是无效的。"谁研制的？为何研制？这里没有说明。

1982 年以来，英国著名科学杂志《自然》曾连续发表专栏文章，揭露美国正在利用遗传工程技术从事新的生物战剂的研究。事实上，美国早在 1962 年就曾公开承认，自己在从事遗传工程方面的研究："美国陆军生物研究所内，在对微生物、细菌、病毒、立克次体和真菌的研究中，遗传学越来越受到重视。而对遗传学的研究，将对生物武器系统及其防护作出重要的贡献。"

所谓基因武器是指通过基因工程技术研制新类型生物战剂，即新一代生物战剂，大国对此如获至宝。

具体地讲，美、俄、英乃至法国都非常重视这一技术，都小心翼翼地进入这一敏感领域，但又在极其秘密情况下研究。基因武器是利用类似工程设计的办法，按需要通过基因重组，在一些致病细菌或病毒中植入能对抗普通疫苗或药物的基因，或者在一些本来不会致病的微生物体内植入致病基因。已有报道表明，美国马里兰州的美军医学研究所，本身就是一个基因武器研究中心。该中心已完成了在大肠杆菌中接入炭疽病基因的科研工作。俄军也建立了类似的基因武器研究中心，研究出在酿酒菌中，投入裂谷热病菌基因，使酒传播裂谷热病。

由于每一种基因，都有一定的模式，像一把含有密码的锁，只有研究者才能知其密码，掌握该基因，而只有掌握该密码的人才能操作该基因，打开这个奇异的门锁，他人是很难截获和破译的。这就使得基因武器比其他武器具有更好的保密性。一旦使用基因武器，对方将束手无策，只能坐以待毙。

有人研究指出，基因武器也许是当今效率比最高的武器。若花5000万美元建立一个基因武器库，比花50亿美元建立一个核武库具有更大的威慑作用。计算一下，将一种超级出血热基因武器用各种可能的手段，使之进入敌国水系，顺流而下，所到之处，可使整个流域军民尽数患病而丧失活动能力，能比核弹杀伤力大多少倍！且让人捉摸不清根源。据专家试验报告记载，全球几十亿人，只需特殊培养的、无疫苗可救助的基因武器肉毒素20克，就可全部死于一旦。这就是为什么有人将其称为世界末日武器。基因武器确实对人类安全造成了极大的威胁。

美国作家查尔斯·皮尔曾在赫尔辛基发表演说，谴责基因武器的研制者，并呼吁停止此类野蛮勾当。他指出，基因技术的迅速发展，再次吊起许多国家研制生物武器的胃口。他们正在以研制疫苗的名义，进行危险的传染病和微生物研究。他在其著作《基因战争》一书中更一针见血地指出，在当前许多国家研究基因、基因工程、基因武器技术的情况下，未来战争中使用它的危险性大大增加，各国竞相拨款给这一研究是值得世界警惕的大事。

除此之外，军事科学家正在设计一种既可杀伤敌人同时又可保存自己的与基因工程武器相联系的武器，即人种武器。这种武器利用先天人种的不同差异、弱点设计出来。因此，它将能杀死其特地选定的人种，而很少涉及自己一方。

各个种族有先天性差异为人所共知。例如某些种族人的消化系统不能适应另一种族人的食物，而另一种族对某种疾病的抵抗力要比其他一些种族的高出多少倍。差异远非如此简单，在很多方面，尚未弄清。就血型而言就有大量文章可做。在目前的世界实验室中，用人工“拼接基因”来制造干扰素，已不稀奇。这种物质先天存在于人体之中。它能抵抗病毒性疾病。用人工合成病毒直接干涉人类基因的可能性不仅使人种武器成为可能，而且还涉及非战斗人员，包括使后方人员下代畸变的问题。

因此，人们呼吁世界良知、制止基因工程武器的发展和使用就成为非常明智的世纪呼声了。

现代最早的生物武器工厂

张伯伦请瘟神

从第二次世界大战以来，英国一直发誓说，它从未拥有过任何生物武器。直至1980年，在生物、毒素武器公约审议会上，英国代表还毫不含糊地声称："联合王国从未拥有也未获得过大量可用于战争目的的微生物或其他生物战剂和毒素。"1980年3月5日和11日，至少又两次重复了同样的保证。然而，联合王国的宣言很难和事实一致。从国防部一些零星文件中表明，英国制造了西方——可能也是全世界——最早的生物武器。

张伯伦

1925年6月17日，世界上38个国家在日内瓦签署了《关于禁用毒气或类似毒品及细菌方法作战议定书》。日内瓦议定书的签订，标志着公众舆论对化学、生物战的仇恨已到极点。但很多国家，包括英、法、前苏联是在提出了重要保留条款之后才批准协议。他们认为：这个协议只对那些已批准了该协议的交战国才有约束力；任何国家一旦用化、生武器袭击他们，他们将保留用同类武器还击的权利。这就意味着，日内瓦协定只能禁止化、生武器的首先使用，而不禁止对它们的研制和储备。

尽管有了禁止使用化、生武器条约，但英国当局仍钟爱着化、生武器，研制工作仍在秘密进行。为了摆出一种姿态，波顿的“进攻用弹药部”于1930改名为“技术化学部”等等。

1932年，在日内瓦召开了世界裁军会议，讨论了最终在世界上消灭生物武器的前景。作为英国内阁大臣和国防委员会大臣的莫里斯·汉基爵士，表示坚决反对停止生物武器的研究和生产。他对三军大臣说：现在讨论这个问题是不合适的。他力图说服反对化学、生物战的医学委员会，支持他的观点，并派出科学家来支持化学、生物武器研制工作。而医学委员会主席爱德华·梅兰比，反对任何将医学进展用于破坏目的的工作。但汉基爵士的建议得到了该委员会“细菌代谢组”的负责人保罗·法尔兹的响应，此人生性好斗，他表示愿意研究这个问题。1934年2月12日，在参谋长联席会议上拟定了英国生物战计划。1936年9月，汉基向国防委员会建议成立一个官方专家团，旨在汇报采用细菌战的可能性，并提出建议，在同年10月，国防委员会批准成立“微生物战委员会”，由汉基担任主席。开始主要研究针对德国可能使用生物武器的各种防护措施，如疫苗、抗血清以及诊断技术等。后来由于研究工作的深入，感到不了解生物武器的性能和威力，有效的防护措施也难以提出和考核。

1939年，经首相张伯伦批准同意进行攻击性生物武器的研究。张伯伦指示汉基说：“你应该开展试验工作，以便确定：用各种微生物通过空气作为媒介传播疾病有无可能，并掌握更多的知识用以对付这种形式的战争，保护我们自己。”

波顿建魔窟

波顿位于英国索尔兹伯里平原的南端乡间，占地2800多公顷，地势稍有起伏。这里坐落着200多幢大楼，有实验室、办公室、警察局、消防站、医院、图书馆、劳埃兹银行支行、藏有数千份报告和照片的档案馆，甚至还有用来放映实验中拍摄的数英里长胶片的电影院。这些建筑是英国，甚至是世界上最早的生物武器研究基地。

波顿基地隶属于英国陆军部，在1916年1月，英国陆军部强行征购了这里的1200多公顷的土地。第一批科学家在两个月内就抵达了该地，他们的到来并没引起世人的关注。当时这里还是一片荒地，只有一座小村庄。夜里，他们就睡在当地小旅馆里；白天，他们以几间摇摇欲坠的小木屋为实验室，进行着当时他们所在领域的最前沿的研究工作。他们个个是当时的世界权威科学家。他们在这最初十分简陋的波顿实验地，把生物武器推向了新阶段。

随着战争的发展，波顿的重要性也在提高，它的研究成果很快就被投入欧洲战场；而欧洲战场，中毒士兵的尸体也及时运到波顿进行检验分析，积累资料。波顿的工作和规范迅速扩展，试验扩大了1倍，早期征用的茅棚，到第一次世界大战后期已经发展为一片小村落，分为5个研究部门，建有8排营房，可容纳1000名卫戍部队、弹道学专家、军医及科学家，还有500名文职人员作为辅助力量。除了战壕和防空壕以外，还开辟了一个靶场，有2400米长。波顿基地为了把国内最优秀的科学家吸引到这里工作，尽了一切努力。他们规定：只要不泄露国家秘密，雇用的科学家们可以在其研究领域发表他们自己的文章、著作，可以出席各种学术团体举行的会议。在波顿工作的工资很高，资历深的职员待遇更高。

荷兰委员会认为：如果年薪低于2000英镑，就不可能指望吸引一名第一流的人物来接受波顿的一个研究室主任之职。英国当局不遗余力地网罗人才到波顿工作。

格林尼亚德行动

1942年夏季一个英国生物战专家组在苏格兰西北的格林尼亚德岛上进行了生物炸弹的威力试验，他们利用11.25千克的生物弹（高45厘米、直径15厘米）装填浓缩的炭疽芽胞液，以羊作为试验对象。经过多次试验，结果是成功的，羊全部死亡。为了消除岛上的污染，他们曾经放火烧了岛上所有的野草。但经过55年以后检验证明，岛上仍被严重污染，污染还可能要持续几十年甚至上百年。

在苏格兰西北海岸有一个海湾，该地区常年居住着渔民和佃农，他们聚居在海湾山坡上，形成了小渔村，名为奥特比。1942年夏，一支军事小分队来到海湾。他们对海湾内的一个叫格林尼亚德的荒凉小岛十分感兴趣，从奥特比渔村乘船到那里只要20分钟。

小岛实际上是一块露出海面的大岩石（石南面长满了常青植被），大约有100米高（在边缘外形成悬崖），2.4千米长，1.6千米宽。军事小分队由一批沉默、卓有成就的科学家组成。他们在海湾的一端——距格林尼亚德岛只有0.8千米远，构筑了一个掩蔽点，搭起了两个尼森式小屋。

这些科学家是：亨德森博士，他是一位能干的细菌学家，利斯特研究所的杰出人物；唐纳德·伍兹，来自伦敦米德尔塞克斯医院细菌化学研究室；W·R·莱因，他是当时第一流的细菌学家，在科学界颇有名望；格雷厄姆·萨顿，他平时负责波顿全部实验工作的人，还有一位从波顿调来的重要人物，也是此次格林尼亚德行动的负责人，他就是保罗·法尔兹博士，这时他60岁出头，是英国公认的深孚众望的细菌学家、英国皇家学会会员、《英国病理学杂志》的创办人、《细菌学分类法》的主编。此次行动正是他们奉首相之命来此研究生物武器的可行性，由白厅委员会主席汉基爵士直接监督此项工作。这个小组在格林尼亚德岛进行的试验揭开了大规模生物武器研究的序幕。

从此，格林尼亚德岛也就成为“视线的禁区”。

很久以前，就有人把炭疽杆菌视为最有希望的生物武器填料。炭疽病毒的特殊效力引起波顿科学家们的兴趣。一旦掌握了培养芽胞的技术，就可以大规模生产。亨德森发明了一种真空提取机。它能把芽胞从其繁殖出来的培养基中吸取出来，于是大量的炭疽杆菌被制造出来。首先将炭疽杆菌装进细颈瓶，然后装车送往格林尼亚德岛，进行将其与战斗武器相结合的试验。

在一间尼森式小屋里，亨德森博士请来了来自波顿的年轻爆破专家阿伦·杨格少校。亨德森拿来了一只细颈瓶，打开盖子，让杨格双手拿住一个高45厘米、直径15厘米、重113.5千克的炸弹。亨德森小心翼翼地将瓶中黏稠的棕色液体往炸弹里倒，这东西就是浓缩的炭疽芽胞。炸弹装填完之后就送上登陆艇，萨顿、亨德森、杨格也随之上了艇，向格林尼亚德岛驶去。

他们穿着涂有橡胶的衣服，戴着防毒面具，脚登高腰橡皮靴，手戴橡皮手套。船靠上小岛，他们将这枚炭疽炸弹放在羊群旁的土丘上，装好了引爆信管，绑牢炸药，科学家们就退避到安全地带。拴在那里的一群绵羊，依旧悠然地在吃草。顷刻，炸药爆炸了，将炭疽炸弹炸得粉碎。数十亿细小的芽胞形成了看不见的云雾，向被响声吓得惊恐万状的羊群飘去。不久，格林尼亚德岛又恢复了宁静，羊群似乎觉得并没有什么来伤害它们。这时科学家也都从掩蔽处走出来，把脱下的衣服全部烧掉。然后，他们彻底洗了个淋浴，又换上了平日穿的衣服，乘船回到营房。

一天之后，格林尼亚德岛上的绵羊开始死亡。一周内，羊的尸体不断增加，检验表明，均为患炭疽病而死。这些尸体无可辩驳地证明了生物武器是可以生产、运输，并加入炸药在战区上空爆炸，而那些小小微生物却不被炸坏，仍能发挥其作用。

在1942年和1943年的进一步试验中，科学家们试爆了更多的炸弹。试验高潮是后来威灵顿轰炸机在格林尼亚德岛上做低空飞行时，在靶区中投下了第一批生物炸弹。这些“炸弹”不像其他高爆炸弹那样“轰隆”作响、地动山摇，而只有随着尖啸声发出闷声闷气的破裂声，对物质外形没有伤害。

从此以后，经常有大批的死羊被拖到附近的峭壁上丢下去，然后在崖上挖条沟，埋进几百千克炸药，让小山头爆炸后飞起的尘土沙石掩埋那些羊的尸体。

每次都是杨格负责掩埋受试绵羊的尸体，可是有一次，小岛的一只死羊在暴雨之后漂到了大陆，使苏格兰炭疽病蔓延。原来，是杨格用了过多的炸药使爆炸后的气浪把一只感染了的死羊掀到悬崖下的海里，然后在暴风雨推涌下飘到了居民区。住在奥特比的一家旅馆里的一位官方科学家出面处理了赔偿事宜，并且尽量减小此事的影响，以免引起世人的关注而泄密。为此，伦敦生物战委员会成员大惊失色，杨格和法尔兹立即从波顿飞往格林尼亚德岛，指导处理善后事项。

炭疽病毒的顽强生命力，使格林尼亚德岛终于让人难以涉足，若不清除其余毒，这个试验场将被迫关闭。法尔兹决定用焚烧的方法消除岛上的污染。

一天，科学家们穿上了防护服，来到岛上。这里的野草已经齐腰深了，他们用喷火器向深草丛中喷射。一条条火龙向四周吞噬。科学家们迅速撤出该岛。大火映红了天幕，地面上的炭疽病毒裹在大片浓黑的烟雾中飘向海面。可是，此举还是失败了，土壤中的炭疽毒并未被消除，烧焦了的小岛只好再次被封了起来。

一块警示牌立在了海滩上，上面赫然写着：格林尼亚德岛，该岛系政府财产，在做试验，地面被炭疽杆菌污染，有危险，禁止上岛。

骇人听闻的饼干

1941 年秋，在波顿，法尔兹博士和他的工作组在完成一系列空中试验后，生物武器的研制工作得到了突破性进展。

1941 年 12 月 6 日，汉基勋爵呈给温斯顿·丘吉尔的一份绝密备忘录，他写道："大部分的研究工作涉及动物的各种疾病。工作正在继续进行。"他又写道："如果我们也有需要用它的时候，比如出于报复目的，而采取进攻性行动，目前在技术上唯一行之有效的办法就是从飞机上抛下污染了病菌的大饼，在家畜中传播炭疽病。……我们就有可能杀死大批的家畜……至于其他办法，眼下正在积极检验某些其他动物传染病的可能性，但目前尚无令人满意的实验结果可加以考虑。"

他在第五条中写道："若要以炭疽杆菌作为武器，就要考虑下列一些基本的准备工作：①在实验室培养足量的病菌，并储存起这种病菌。②生产 200 万块大饼，这些大饼看上去是用于农业的目的，不能泄露秘密。然后通过间接渠道把大饼运往波顿储存起来，以备需要。③配备把病菌加进饼中去的机器。④检验从飞机上投掷大饼的方法以及其他操作细节。"

他在第六条中写道："从批准之日到着手进行上述基本准备工作需要用

6个月左右的时间，如有必要，比如作为一种报复性措施，6个月以后就可以突然采取进攻行动。”

他在第七条中写道：“战争开始之际，盟国（法国及英国）和德国都再一次重申遵守1925年日内瓦协议关于在战争中禁止使用窒息性或有毒或其他气体和细菌武器的原则，尽管如此，我仍不相信德国人在垂死挣扎之际不会诉诸于这种武器。数月前，在韦默斯和斯旺西之间五六个地区中发现有马铃薯虫害。”

此事值得注意：这些地区不是重要的马铃薯产区，在这些地区中也没有发现过容器和其他可疑的物品，但至少有一点可说明的是，这些现象是不正常的，因为这些虫害并非天然灾害所致。

“我请求批准上面第五条和第六条中提到的预防性措施。”汉基在报告的末尾说，“这是可能实行报复行动所必不可少的准备工作。”

12月7日，星期日，丘吉尔接到了汉基的备忘录——这天正值日本人偷袭珍珠港。两周后，丘吉尔飞往美国参加首届华盛顿会议。他把汉基的全部提案留给参谋长们讨论。

1942年1月2日，国防委员会在丘吉尔缺席的情况下讨论了生物战事宜。这是一次官方审慎态度的典范。汉基勋爵被获准采取这些措施。因为他再三提醒说，万一在敌人凭借细菌武器发动进攻时，我们能不失时机地予以还击。他的观点或许是正确的。然而握有决定权的是国防委员会。该委员会对生物武器的使用控制很严格：“不应凭借这种战争方式实施报复，除非得到战时内阁或国防委员会的特别批准。”此外，汉基要确保生物武器的储存“不会使自己或我们的盟国反受其害或导致科学或工业计划的显著改变”。国防委员会还指示：“要采取一切可能的保安措施，防止泄露机密。”

这项计划的规模很惊人。英国生产的混有炭疽杆菌的家畜饲料饼不是200万块，而是500万块。为了给500万块饼填入炭疽杆菌，波顿要大规模生产炭疽杆菌。波顿装设了五六台由女军需工操作的装填机。这种饼不像我们今天食用饼那么大，它像一颗颗大子弹。每一枚中间都穿个小孔，填入炭疽芽胞后就封上，制成后都储存在波顿。

美国兴建世界第一流魔窟

自从20世纪30年代中期以来，美国情报机关就一直注意到，全世界对于生物武器的兴趣在不断增长。1940年，美国国防会议的卫生和医学委员会开始研究“生物战进攻和防护的可能性”问题。

1941年8月，在埃奇伍德兵工厂成立“特别转让支同”，从事进一步的研究工作；11月，日本偷袭珍珠港前不到1个月，陆军部成立以国家科学院朱厄特博士为首的生物战委员会。它的主要任务是分析判断生物战的威力。

1942年2月，这个委员会的报告终于送到了陆军部长亨利·L·斯廷森的办公桌上，报告明确写着“美国处于生物战袭击的危险之中”。斯廷森感到不得不采取行动了。

1942年4月29日，他给罗斯福总统写信阐述了这个委员会的意见：

“生物战无疑是‘肮脏的事业’，但根据该委员的报告，我认为，我们应该有所准备。这件工作必须严守秘密，也要下大的精力……我曾要求委员会提供这份报告，现在我又接到了我已经提到的这些令人不安的警告，特别是建议立即采取行动的意见，如果您能把您的意见告诉我，以便按照您的意见立即采取行动，我将非常感激。”

接到斯廷森的信两周后，1942年5月15日，罗斯福批准建立生物战研究组织。6月，斯廷森任命乔治·W·默克为军事研究局局长。

军事研究局隶属于联邦保安局。军事研究局除与军队的内部机构有联系外，还同卫生部、农业部、内务部保持联系，并通过海军侦察处、战略情报处、联邦调查局等机构获得必要的情报，以卫生部门和化学兵局颁布命令和指示形式，将其所发出的建议发送到部队。该局负责组织美国、英国及加拿大之间的有关细菌战问题的情报交换，并广泛交换专家，以协调研究工作的进展。

1943年4月开始，美陆军在狄特里克营修建生物武器研究机构。后来，战备署把任务转到美陆军化学战署继续执行生物战计划。

1943 年 12 月，美联合参谋长战略服务局察觉德国可能计划使用生物武器，遂于 1944 年 6 月将生物战计划转由国防部长领导，生物武器研制工作由化学战署负责，生物战防护工作由化学战署与陆军军医署合作共同研究。

1944 年 10 月，成立生物战委员会，全面管理生物武器的研制、政策和情报等，一直存在到 1945 年 10 月，然后把职能转交给美国陆军发展部。美国生物武器研究计划在 1944 年初获得迅速发展。

1945 年 8 月，美陆军化学兵司令宣称他们在第二次世界大战末期，研制生物武器工作已超过了任何一个国家，当时美陆军化学战署执行生物武器研制计划有 3900 人，其中 2800 人是陆军人员，1000 人为海军人员，100 人为文职人员。主要研制机构有：①生物武器研究和实验工厂在狄特里克营（1943 年 4 月开始 7 个月内营地建成）；②野外试验机构，一个建在密西西比海湾霍恩岛，面积 8 平方千米，另一个较大的试验场建在犹他州达格威试验场，并于 1944 年 1 月和 6 月先后投入使用于生物战剂野外试验；③印第安纳州特雷霍特县，1944 年建成的维戈兵工厂，是第一个大规模生产生物战剂的弹药工厂，曾生产枯草杆菌黑色变种作为炭疽杆菌模拟剂以及使用过炭疽杆菌装填生物炸弹。

第二次世界大战末期，维戈兵工厂已拥有 1400 名工作人员。美国在第二次世界大战期间，用于建造生物武器研究与生产设施的费用为 4500 万～5000 万美元。此外，1942 年落基山兵工厂也生产过破坏农作物的生物武器。

1954 年美国陆军化学战署更名为美国陆军化学兵部，由原来的勤务兵种提高为特种兵。在化学兵司令部下设研究和工艺设计部，此部管辖 3 个研究所和 1 个试验场。

1962 年美国陆军化学兵部撤销，生物战研究所改称美陆军生物学研究所，隶属于陆军部下的军械部的化学、生物、放射局。虽然名称和隶属关系发生了变化，但其内部机构组织情况未变。

1. 美陆军生物武器有关机构

（1）美陆军生物学研究所：位于马里兰州，弗雷德里克城郊狄特里克堡，原名为美陆军生物战防御研究中心，是1913年建立的生物武器主要的研制单位。它占地5.7平方千米，建筑及设备资金9100万美元。1943年和1944年该所分别试生产了实验性肉毒毒素和炭疽杆菌芽胞及其模拟剂枯草杆菌芽胞。1949年又建立了一个1万平方千米的球形密闭容器，开始进行生物战剂弹药爆炸试验。

1954年狄特里克营改称为狄特里克堡，1964年工作人员曾达3000人以上，其中2500名军队专业人员，包括320名学士、110名哲学博士、14名医学博士和34名兽医。该所自1946年到1972年期间公开发表的文献达1400~1500篇之多。每年经费约3000万美元。研究所分4个业务部门：生物制剂研究部、发展部、医学研究部和技术服务部。

（2）美陆军松树崖兵工厂：位于阿肯色州松树崖，于1941年破土，1953年建成，占地60平方千米。1954年购置的设备费为9000万美元，20世纪60年代末增至1036000万美元，工作人员达1800人。1953年初开始相继生产集束弹金属制品和猪布氏杆菌、野兔热杆菌。1962年起改进和扩大了生产设备，并进行Q热和野兔热战剂的标准化生产。该厂是美国唯一大规模生产具有杀伤性的生物战剂工厂，除细菌类战剂外，先后还研制了毒素、病毒、立克次体等战剂。此外还进行用病毒战剂感染蚊虫的研究。该厂已成为生物战剂生产和贮存的主要单位，并将战剂产品作为生物炸弹、炮弹和其他容器的装料，运往美军的25个地下冷藏库。该厂库存炭疽杆菌、野兔热杆菌、贝氏立克次体和委内瑞拉马脑炎病毒等战剂和装有肉毒毒素的枪弹和弹药。

（3）美陆军达格威试验场：位于犹他州达格威，是陆军主要化学和生物武器试验中心，占地3300平方千米。其年度预算为1500万美元，1972年试验场雇员达1200人。场上设有生物学部、化学部、气象学部、试验部、工程技术部以及管理检查机构等。其中环境和生命科学研究室还可以从事生物战剂气溶胶的研究。1946~1955年进行了一些致病菌的野外用枯草杆菌黑色变种和黏质沙雷氏菌，作为模拟战剂试验。1950~1955年进行了一些病菌的野外试验，其中包含贝氏立克次体、鸟疫衣原体、鼠疫杆菌、猪布氏杆菌、野兔热杆菌、羊布氏杆菌、炭疽杆菌等。

（4）美陆军落基山兵工厂：建于 1942 年，占地 74 平方千米，固定投资总额为 10500 万美元。至 1964 年拥有工作人员 800 名，是化学和生物战剂研制、生产和储存的工厂。主要生产和储存植物战剂。1951～1969 年生产和储存了 3 种破坏农作物的生物战剂，即小麦茎锈病、黑麦茎锈病和稻瘟病。

2. 美海军和空军生物武器有关机构

（1）海军生物科学研究所：其前身为美海军研究所第一研究队，设在加利福尼亚大学，后改为海军第一军医研究分队。于 1943 年开始承担生物战剂研制任务，至二次大战末有 75 名工作人员。1950 年改为美海军生物学研究所，主要从事微生物气溶胶感染的研究。1961 年有工作人员 125 人。后来改为美海军生物医学研究所，后又改为海军生物科学研究所，迄今为止，仍然是美海军生物战的主要研究机构。

（2）海军研究分队：建于 1944 年，设在狄特里克堡，是美海军与陆军生物战中心交换有关情报的机构，同时负责用大型喷洒器对试验场地进行消毒。

（3）美海军军械试验站：是海军化学、生物武器试验和鉴定的单位。

（4）爱格林空军基地：面积达 1870 平方千米，位于佛罗里达州。设有试验场和空军机械研究所，是空军从事化学和生物武器研制的单位。

1951 年生产可用于实战的破坏农作物的炸弹。同年曾在该基地进行猪霍乱菌战剂试验，后因军事意义不大而停止。1967 年又曾试验了野兔热杆菌和贝氏立克次体战剂。

3. 参与美军生物武器研究的地方及国外合同研究单位

美军生物武器研制工作除由军内承担外，还组织了大批地方大学、研究所与公司等合同单位参加研究。1950～1971 年期间，狄特里克堡生物战研究中心和 270 个单位订立了 552 项研究合同。仅 1970 年，美有关方面向从事生物战研究的地方科研单位提供经费 210 万美元。美军并与国外某些单位进行阶段研究，其中有日本、奥地利、爱尔兰、比利时、法国和英国等几十个大学的研究所。此外，美军与英国生物战研究中心波尔顿微生物研究所建立了互通情报及交换研究人员的关系。

1969 年 11 月 25 日美国总统尼克松宣布所谓放弃研制和使用生物武器。1971 年 12 月 16 日联合国通过《禁止试制、生产和储存并销毁细菌（生物）和毒剂武器公约》，1972 年 4 月 1 日美苏等国在公约上签字，1974 年 12 月 16 日美国参议院批准了此公约，1975 年 1 月 22 日美国总统福特在公约上签字，正式开始执行。

1973 年后生物研究的概况

狄特里克堡陆军生物学研究所改由美陆军军医署领导。1973 年又转属陆军保健勤务部管辖，并作如下调整：①大部分设备和人员改为弗雷德里克美国国家癌肿研究所；②部分迁到埃奇伍德兵工厂（73 人组成生物战剂警报、检验和物理防护研究组）；③部分人员及设备转为生物武器防护研究；④原生物武器袭击效应分析队的 9 人迁入达格威试验场；⑤部分机构的人员设备转给农业部继续研究农作物病防护技术。

改组后狄特里克堡仍然保持 6 个研究单位：①弗雷德里克国家癌肿研究所；②美陆军传染病医学研究所；③美陆军卫生生物工程研究和发展研究所；④美海军研究分队；⑤美国农业部的植物流行病研究所；⑥埃奇伍德兵工厂化学研究所的植物控制室等。

1971 年松树崖兵工厂移交国立毒理研究中心，从事杀虫剂、食物调料和药物化学的研究工作。白宫宣布，自 1971 年 5 月起一年之内，将储存的生物战剂弹药全部销毁，仅保留生产设备。

虽然，美国在禁止生物武器公约上签了字，撤销了一些生物武器的研制机构，但是，实际上随时可以恢复大量生产生物战剂，提供部队使用。据美国参议院 1977 年报告，根据美军生物战储存的应急计划在狄特里克堡的特殊作战处至今仍保存有 10 种生物战剂和 6 种毒素。

生物武器的危害事例

生物武器无声无息，不但可应用于前线战场，也可在后方使用。如果说现代科技电影所描绘的生物战纯属科学虚构的话，那么前苏联019部队生物战实验基地的事故则是活生生的事实。前事不忘，后事之师。日本731、石井四郎的恶行，虽已成为历史，但却时刻昭示着人们：警惕生物战！

臭名昭著的731部队

1936年，日军遵照日本天皇裕仁的秘令，在中国哈尔滨郊区平房建立了一个庞大的生物武器研制机构——731部队。

该部队直属日本关东军司令部领导。为了遮人耳目，称关东军防疫给水部队，又称“加茂部队”，后改为“东乡部队”，秘密番号为“满洲第659部队”。苏德战争爆发后，番号改称“满洲第731部队”；德国败降后，又改称“满洲第25202部队”。这支部队成为世界上最大的细菌杀人魔窟。它在人员级别配备上比日军其他部队都高。它配有1名

日本天皇裕仁

中将和4名少将级军官、80余名校级军官、300余名判任官和技术师，全员为3000余人。当时每年经费约1000万日元。

石井四郎

731部队部队长，1936年至1942年7月为石井四郎少将（后晋升为中将），1942年8月至1945年2月由北野政次少将接任，1945年3月至8月由石井四郎中将重任。731部队下设8个部、4个支队、1个所。

第一部为“细菌研究部”，菊地少将任部长；第二部为“细菌实验部”，太田澄大佐兼任部长；第三部为“防疫给水部”，江口中佐任部长；第四部为“细菌生产部”，川岛清少将任部长；第五部为“总务部”，中留中佐和太田澄大佐任部长；第六部为“训练教育部”，园田大佐和西俊中佐任部长；第七部为“器材供应部”，大谷少将任部长；第八部为“疹疗部”，永山大佐任部长。林口支队，又称162支队，原秀夫少佐任支队长；孙吴支队，又称673支队，西俊英中佐任支队长；海拉尔支队，又称543支队，加藤恒则少佐任支队长；牡丹江支队，又称海林支队和643支队，尾上正男少佐任支队长。大连“满铁卫生研究所”，安东洪次少将任所长。

731部队从事细菌武器的研制工作，安装大量的培养装置，每月能生产鼠疫杆菌菌液300千克、跳蚤200千克（每千克约有300万只）、霍乱菌1000千克、炭疽杆菌600千克。从1939年至日本投降时，通过细菌试验在这里残杀了中国人、前苏联人、蒙古人和朝鲜人共3000多名。

五花八门的活人试验

日本关东军宪兵队和特务机关把抓来的抗日志士称做“马鲁他”（木

头)，其中有前苏联红军情报军官、在战斗中被俘的中国八路军干部和战士，还有为反对日本帝国主义侵略而参加抗日运动的中国记者、工人、学生及他们的亲属，乃至平民百姓等。被作为“马鲁他”的抗日志士由他们任意进行各种试验，其方法五花八门，数以百计，手段更是惨不忍睹，如菌液注射试验、口服染菌的食物传染试验、冻伤试验、人血和马血换用试验、真空环境的试验、人体倒挂式试验、人体移植手术试验、梅毒传染试验、武器性能试验等等。

(1) 菌液注射试验。即把含有各种细菌的溶液注入被试验者的静脉内，观察其病变过程，致死后秘密地投入炼人炉。有时被试验者接受注射试验而发病后，再给抗菌素治疗，进行细菌效能试验。有时对幸存的被试验者，还要进行第二次或做另一种试验。有时幸存的被试验者没有再进行试验的价值时，便以治病为名注射一种毒液，使其在不到一分钟的时间内死去。石井四郎使用的第一批“试验材料者”，是两名中国抗日志士。他从中苏边境的鼠疫传染自然疫区抓来40只老鼠，并从这些疫鼠身上取下染有鼠疫的跳蚤203只，再设法提取其汁液，注入两名中国抗日志士体内。第一个人，19天后发高烧达39.4℃；第二个人，12天后发高烧40℃。最后，他们在昏迷状态中被活活地解剖了，还由石井四郎亲自写了检验报告。

1943年1月中旬，在第四部第一科科长铃木启之少佐的指挥下，由宇野诚技师负责，以试验鼠疫苗为目的，对监禁在特设监狱的两名中国人进行菌液注射试验。田村良雄作为助手。两个中国人很顽强，怒骂他们是“白衣野兽”。特别班的和田雇员帮着把这两个中国人强行捆绑起来。宇野诚技师将准备好的含量为0.03克的鼠疫菌液，给被试验者每人注射1毫升。3天以后，这两个人感染了鼠疫病重，不久便死去了。

由于他们在进行试验中，经常遇到被试验者异常激烈的反抗，但为了达到试验目的，所以就不得不施展种种欺骗手法。

1942年10月，宇野诚技师让田村良雄协助他做一次细菌试验。这次，他们欺骗5名被押者，说是进行预防注射。首先对被监押者各抽5毫升血液，测定其免疫价。次日，对其中4人都注射了4种混合疫苗，一星期后又注射一次，对另一人始终没有进行预防注射。11 月中旬，他们进行细菌传染试验时，又欺骗被试验者说，只有进行第二次预防注射，才能防止疾病传染。于是，他们又一次对 4 名“犯人”，通过抽血测定免疫价，然后对所有 5 人分别地注射了含有 0.05 克鼠疫菌的液体 1 毫升。注射之前，他们特意把贴有“抗百病疫苗”字样的药瓶拿给被试验者看。3 天后，被试验者都发了病，在隔离期间 3 人死亡。死者被送到第一部的笠原班，由铃木启之执刀，一个一个地解剖了。其余两名感染鼠疫病的被试验者，被送到诊疗部进行抗菌素治疗试验。

据历史档案记载，731 部队第四部细菌班于 1942 年 5 月中旬成立了代号为“A”的人体试验队，试验内容是对活人进行两种疫苗对比性试验。试验地点在“特别班”7 号、8 号牢房内。

在牢房里选定了 20 名被试验者，他们都是二三十岁的青年。首先对他们进行预防接种，给其中的 8 个人注射用超声波制造的霍乱疫苗，对另外 8 个人注射了用陆军军医学校的方法制造的霍乱疫苗，还有 4 人没有进行预防注射。

一天，上田跟着江田到 7 栋内南侧楼下的一个牢房。里面押着 5 个人，他们的实际年龄都不大，大约二三十岁，非人的折磨已使他们显得很苍老。一天前，他们都接受了一次鼠疫菌液注射试验。这时他们还能走动，但距离死亡已为期不远了。上田按照号码分别把他们叫到窗前，按观测记录表的要求逐项检查，就像观察动物一样，无动于衷。第三天例行检查时，发现有死亡者，警备队员立即将尸体送进解剖室，之后尸体就被推进炼人炉烧掉了。

（2）口服染菌的食物传染试验。即把细菌掺入饭食内，或者将菌液注入瓜果里，或者把菌液混入水中，强迫或诱骗被试验者食用或饮用，观察各类细菌的效能。

进行菌液内服试验的方法是偷偷把鼠疫菌、霍乱菌、伤寒菌、赤痢菌掺入牛奶和水里，或者把各种菌液注入瓜果、面食内，分发给在押的人员吃喝。开始被关押的人员不以为然，后来逐渐发现，食用某种食品后不少人患病，乃至死亡。于是，牢房里经常发生绝食、绝水的斗争。731 部队就采取强制手段，他们有计划地提出试验对象，先将其绑在柱子上，用手持手枪、皮鞭的特别班成员在旁边监视，如果发现违抗行为就用皮鞭抽打，对特别坚强者，有的当场击毙。这样，日本做试验的人就把菌液灌到被试验者的嘴里。通过灌菌后的观察发现，霍乱、肠伤寒等胃肠道传染病菌致人死亡的效果最明显，死亡率较高，在不治疗的情况下大部分人在 3 ~7 天内死亡。

1943 年 5 月，由关东军司令部军医部调至 731 部队担任试验分队长的山下升，在供述他所犯下的细菌杀人的罪行时说："我在 731 部队是专门负责活人进行细菌试验的，特别是搞灌菌试验。强行灌菌的对象有中国人，还有俄国人，同时还有女的。在我担任试验分队长的一年多时间，仅灌菌试验就使用了一百多名抗日分子，他们多数死亡，没死的又通过另外一种方法的试验把他们都杀害了。" 1942 年 1 至 2 月间，川岛队三谷班每次选定 45 名被监禁的"犯人"，作为鼠疫菌注射、埋入和内服三种方法对比试验的对象。每种试验使用 5 人，每 5 人为一组，分别注射 0. 1 克、0. 2 克、0. 3 克鼠疫菌液。埋入量和内服量与注射量相同。结果证明，注射传染法效果最明显，注射最低量的被试验者一天以后即死亡，其次是埋入传染法，发病最慢的是内服传染法，经过 6 天才能使人死亡。上田弥太郎把这三种试验所产生的效果，制成了比较表。

(3) 冻伤试验。即在严寒季节里，将被试验者押赴到室外，迫使他们将手、脚插入凉水中，接着将手、脚拖出来接受不同时间的冷冻，然后把他们抬入屋内，再用不同的方法进行解冻：有的要插入冷水里，有的要插入温水里，有的用开水烫，观察其冻伤程度。有时对冻伤者进行治疗，有时在其冻伤

原 731 部队冻伤实验室遗址

处抹上染菌药膏。这样有的冻伤者幸存下来，但他们多数的手指和脚趾被烂掉。

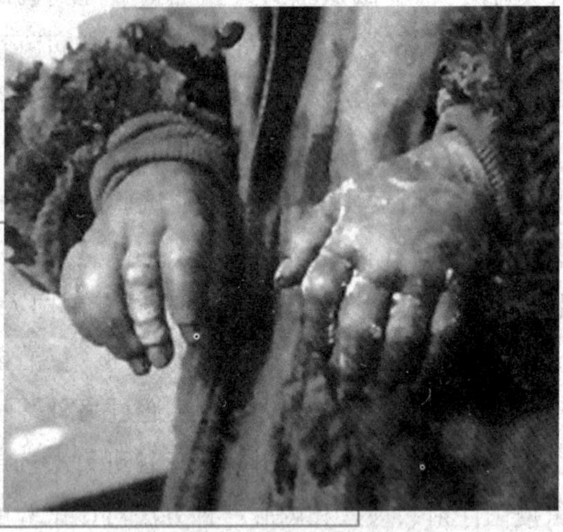

日本731部队的冻伤实验

（4）人血和马血换用试验。即他们将马血注入人的动脉血管内，又把人血注入马体内，观察其血液的变化。

（5）真空环境的试验。即将被试验者塞进密封的试验室内，用真空泵将试验室内的空气抽净，随着外气压和内脏压的差距逐渐增大，被试验者的内脏就从眼球、口腔、肛门等身体一切有孔的地方一点点地往外冒。后来，试验者的眼球全部突出，面部肿得像皮球那么大，全身的血管像蚯蚓似地隆起，全身各个部位都浮肿起来，最后肠子就像是一条爬虫似的婉蜒地爬出体外，使被试验者窒息而死。

（6）人体倒挂试验。即将被试验者头在下、脚在上地倒挂着吊起来，使其受折磨。

（7）移植手术试验。即有时将手、脚互换接肢，有时将直肠直接连在胃上，有时将肝、脾、胃摘除。

（8）梅毒传染试验。这类试验多数是在女“犯人”身上进行。

（9）武器性能试验。即有时将被试验者押入坦克内，用火焰喷射器对着坦克喷射，观察其在什么程度下可以烧死；有时用步枪或手枪对着排列成一纵队的数名被试验者，发射带毒的子弹，看一枪能穿透几个人体；有时运用试制的“手枪式”、“手杖式”的小型细菌武器，对活人进行试验，观察这类武器的效能。

这些试验惨不忍睹，令人毛骨悚然。1941年秋季的一个星期天，亲自进行过多种试验的731部队雇员小林智神秘地告诉上田弥太郎：往人的静脉里注入5毫升空气就是致命量，人就可以死亡；把马血注入人体内的反应是，超过100克，人便感觉痛苦，达到500克左右，人就会死亡；低压真空环境的试验证明，空气压降到0.5以下时，人的血管就开始破裂，眼睛鼓出来，把人憋死用不上一分钟的时间；至于人体倒挂折磨致死则需几个小时等。731部队把每次试验都拍成纪录影片或绘制成画面存档。731部队在进行各种试验的同时，也采集各类标本作为“科研”的成果进行陈列。

惨不忍睹的陈列室

“陈列室”位于总部二楼的左端，在总务部管辖之下。从总务部的走廊来到“陈列室”，一开门，就有一股福尔马林的气味钻入鼻孔，并且刺激人的视神经，几乎使人睁不开眼睛。原731部队的一名队员说：“第一次看到陈列室的人，即使是一个堂堂汉子，也不由自主地骨节发软，甚至会吓得瘫坐在地上。”“陈列室”的周围是雪白的墙壁，整个房间有普通公寓里的三居室带卫生间的单元的4倍那么大。在靠着雪白墙壁的两层或三层的架子上，整整齐齐地陈列着宽45厘米、高60厘米的盛着福尔马林溶液的玻璃容器。

福尔马林溶液里泡着人头，从活人脖子上砍下来的人头。有的瞪着大眼，有的双目紧闭，头发在容器里飘着；有的面部裂得像石榴似的；有的用刀从头部到耳朵后边劈成两半；有的头盖骨被锯开，露出脑浆；有的面部溃烂得分辨不出眼睛、鼻子和嘴；有的皮肤生满了红斑、青斑或黑斑点，呆呆地张着大嘴。

“陈列室”里还陈列着从大腿根切下来的人腿；也有既没有头，也没有四肢的躯干；胰脏和肠子原封不动地盘成一团，泡在溶液里，还有妇女的子宫和胎儿。人的所有部位都在大大小小的容器里。这是人体各个部位的“陈列室”。随着活体解剖的增加，新的陈列品越积越多。

令人毛骨悚然的解剖室

731部队对人体细菌传染试验，要经过临床观察、解剖观察和病理观察三个阶段。其中解剖观察，既有尸体解剖，也有活体解剖。活体解剖既有病体解剖，也有健康肌体解剖。其目的是为作对比性观察。

731部队“口”字楼，有一条秘密的地下隧道。这条地下道同关押“马鲁他”特设监狱的7栋和8栋相连接，由“口”字楼一层走廊的一角，一直往前走，走到头往左拐，有一个连扶手也没有的楼梯，这里就是地下隧道的入口，从没有扶手的楼梯下去向右拐，在地下隧道中约走30秒钟，再从一个混凝土楼梯上去。这个上去的楼梯也没有扶手，走到头有一个向外边开的铁门，这里就是地下隧道的“出口”。

从地下隧道的“出口”出去，是一间相当大的铺水泥地的房间。房间里边，很高的天花板上，吊着许多特别大的灯泡，在这些灯的下边，有铁制的手术台。乍一看，好像医科大学附属医院的手术室，与手术室不同的是，除了铁床外，看不到像样的医疗器械，却有好几个水桶和装着福尔马林溶液的大型玻璃标本容器。这就是731部队的解剖室。

一天，731部队的军医田村良雄跟着宇野诚技师进了特别班的解剖室，做解剖手术的准备工作。这里有3张解剖台，其中有一张解剖台的排水口正往下滴着鲜红的血，流进下面的玻璃瓶里。消毒器里正在咕嘟咕嘟地煮着解剖器具。这里刚刚进行完解剖。另一张解剖台上，放着一个普通的中国人，他是一个等待死亡的被试验者，现在就要对他进行解剖观察了。这时，铃木启少佐和带班的细矢技师走进解剖室，他们都穿着橡皮防菌衣。随着铃木“开始”的命令，细矢用手术刀咔嚓一声，沿着中国人的颈动脉残忍地切下去。从颈动脉流出的鲜血，流进了田村拿着的瓶子，不一会儿，忽然停止了。中国人留下了一句满怀仇恨的话：“鬼子！”

1943年，731部队想用一个男性少年作为试验材料，进行一次对比性病理研究。但特设监狱里没有这种“试验对象”。于是，从长春抓来一个十二三岁身体健康的男性少年。几个731队员将他按在手术台上，用扣带紧紧地绑住了少年挣扎的四肢。在少年身上用酒精棉消毒后，便注入了麻醉剂，不一会儿他就失去了知觉。胸部被手术刀拉开一个Y字形的口子，日本鬼子把肠子、胰脏、肝脏、肾脏、胃等各种脏器，一个个地从睡眠状态中的少年体内顺次取出，装进有福尔马林的大玻璃容器里，取出的内脏，有的还在福尔马林溶液中一缩一胀地抽搐着。接着一个731队员用锯子把头盖骨锯下一个三角形来，脑子就露了出来。这些恶魔把少年的脑子取出，马上放进福尔马林溶液容器中。手术台上少年的身体，只剩下了四肢和一副空的躯壳被投入炼人炉。

这样的解剖一天少则2～3人，多则8～15人。

毁灭罪证狼狈逃窜

像恶魔一般凶残暴虐的731部队，曾把3000多人当作细菌战的实验材料活活地杀死。这些恶魔崩溃和败亡的日子终于来了。

1945年夏天，在中国大地上，号称“无敌”的70万关东军，曾经是何等威武，现在却虚有其表。随着南方战局的日趋恶化，关东军主力的20个师团被抽调到南方各地，大部分军马车辆、重炮、重机关炮、飞机和弹药也运到了南方。战争结束前夕的关东军是一只纸糊的老虎。日军企图利用生物武器作最后挣扎挽救其灭亡的命运。

原731部队办公楼

1945年3月，再次上任领导731部队的石井四郎中将，把部队番号改编为25202。同年5月，他召集部队说：“根据日苏必须开战的形势，731部队要尽全力增产细菌、跳蚤和老鼠。”这就是有名的“增产训示”。企图利用731部队开展细菌战来对付前苏联的进攻。但日本未来得及使用这种杀人武器，便于1945年8月就土崩瓦解了。他们一面纠集先遣人员，向通化转移，一方面全力以赴地焚烧文件、资料，妄图销毁罪证，在夏天已经停火的暖气锅炉又开动起来，吞噬着那成箱成捆的文件、资料。还有一些贵重的仪器、玻璃瓶、试管也打上包装，被扔进炉膛。这样大规模地焚烧文件、物品连续进行了半个多月。从 8 月 10 日晚上开始，731 部队各班的院内也都成了火海，将各班自己保存的文件和仪器设备烧毁、捣碎。大火映红了半边天。

“杀掉‘原材料’，全体成员立即紧急撤退。”这是石井部队长下达的“最后一个直接命令”。西北方向的“四方楼”院内，浓烟滚滚。这里正在焚烧没来得及使用的活人“试验材料”。这一批有 400 多人，为加快速度，日军用速效毒气和手枪将这些人杀死，然后把尸体拖入早已备好的大坑里，浇上汽油焚尸灭迹。由于尸体太多不好烧，加之日军逃跑是争分夺秒，未等烧透就用土将尸体埋上了。土里露出了脚和手。他们根本没有完成销毁犯罪证据的任务。军官们看到这种情况，命令他们把尸体挖出来，进行第二次焚烧。许多尸体没有烧透，漫出土坑；一些烧得半生不熟的烂肉，还有到处是烧得糜烂的脏腑、仍像活人一样的眼球、烧剩下的半张脸，碎骨烂肉裹着血污，满地都是！场面令人恐怖犹入地狱一般。

接下来，急于逃命的 731 部队开始破坏 10 多年来进行罪恶活动的建筑物。大约是 8 月 11 日，开始放火烧毁“昆虫饲养舍”和“动物饲养舍”；在兵器班的大院内，百余辆福特牌大卡车和炮车被烈火吞噬着，成箱的有毒子弹爆豆似的响着；东乡村的日军官兵楼舍、大礼堂，神社等也燃起了大火。

侵华日军 731 部队遗址

最后行动是破坏重要建筑物。8 月 13 日早晨，远在数千米之外“劳务班”上工的中国劳工突然听得山崩地裂般的爆炸声，往东南一看，高大的“四方楼”塌下去一大片，上空烟尘翻滚。劳工们觉得奇怪，于是向爆炸地点走去。当走近“四方楼”西侧电网时，又是一阵爆炸声，只见高等军官宿舍、日本小学校、东乡神社已淹没在一片浓烟之中。由于“四方楼”的主附建筑物十分坚固，普通炸药难以摧毁，故仍有一大部分孤零零地立在那里。8 月 14 日上午，731 部队在“航空班”的飞机库旁架起了数门大炮，连连向“四方楼”及其附属建筑——锅炉房炮击。然而，那大烟囱和“四方楼”只是轻微受损。于是，日军就派出工兵跑到那些重要建筑物的地下室，凿孔放置大量的炸药，进行第二次爆破。

在毁灭罪证的同时，他们放出许多保安队员，捕杀周围的目击者。石井四郎认为保守 731 部队的机密是最重要的问题，731 队员及其家属，还有数以千计的中国劳工及较为知情的中国翻译等 2000 多人都应被处决，以防日后走漏消息。他这一凶残的命令遭到部队高级军官们的反对，军官们也有强烈的反抗情绪。深知自己罪恶深重的石井四郎，尽管平时飞扬跋扈，但在众叛亲离的形势下，也无可奈何，无法杀人灭口，于是乘 2 架运输机携带一些高级军官及其家眷逃之夭夭了。那些被抛弃在地面的自谋生路的孽孙们则如树倒猢狲散，男人们不再凶神恶煞般地趾高气扬，女人们也不再假模假样地温文尔雅了，都暴露其同主子一样的兽性来。他们为了挤上有限的借以逃命的火车、汽车，互相厮打、咒骂，有的绝望地放声大哭或服毒自杀，也有一部分向进攻中的苏军部队投降了。

神秘的 019 事件

化生战武器是国际禁止发展、使用的武器。然而在冷战的年代，超级大国时刻没有停止这方面的研究，只不过是在极其秘密的情况下进行。超级大国既想秘密发展自己的生化武器，不让对方知道，又想侦察对方在此领域的蛛丝马迹，以便掌握足够的证据，待适当的时候，摆到桌面上来，质问对手……20 世纪 70 年代就发生了这样一个事件。

一辆福特牌大型轿车沿着美国华盛顿近郊的波托马克河畔飞驶，几分钟后便到了美国国防部所在地——五角大楼。车子刚在这座城市般的大型建筑前面停下，便从车内下来两名美军文职人员。他们夹着皮包，穿过长长的通道，来到了主管外军情报的一个办公室。上司模样的人一进门，就让下级把皮包里的图片打开，拼好，自己则走到一个写字台前按了一下电话机旁的电钮……这是第三次由国防部调阅卫星图片。

半年前，美国的一个监视卫星——“守卫者”号初次在亚欧两大洲交界的前苏联西伯利亚地区发现情况。接到报告后，国防部要求严密监视、继续扫描这一地区。前两次的卫星图片都因摄影装置和地区大气环境欠佳，而没能得出可读性强的照片。最近一次的照片冲洗得非常清晰，分辨力很高，明显地看出一些异常景象，所以他们立刻赶来汇报。

两三分钟过后，一名上校在两名助手陪同下走了进来：“哈罗，今天天气很好，风和日丽。”上校一边寒暄，一边走到会议桌前。“感谢上帝帮助，我们终于获得成功!”一名文职官员拿起教鞭式的指示棒，几个人的目光即随着它转到卫星照片上。“在东经 60 度，北纬 57 度，即前苏联乌拉尔山麓斯维尔德洛夫斯克地区，发现一处特别建筑：长长的围墙，密密麻麻的通风管道，类似动物室的一排排小屋以及这一堆堆的各种铁笼，似乎是一个研究单位的表面特征。这片空白地是试验场，但很少有人活动。建筑物以东是一个砖厂，这边是居民楼……”

“有情报说，这是苏军 019 部队。”另一人插话，“但军人很少外出活动。这个小型建筑是配电站，高压输电线从这里通过。我们怀疑这是一支 B 字生物战部队，但检查其通信，未截获到明显的证据。”“请将这些情况输入计算机储存。”上校指示助理人员记录下来。突然，上校走到对面的地图下，将一个红星标在了前苏联中部斯维尔德洛夫斯克城的位置上：“我们对此很感兴趣。然而再高明的医生也不能只从一个症状就确诊疾病，我们还要继续工作，谢谢诸位!”几个人包括两名文职人员很有礼貌地退了出去，上校一个人还在那里琢磨着……半年过去了，卫星依旧从西向东在原轨道上运行着、窥视着，但却没有送回更新的信息。可是在此半年内，美国政府的海外谍报人员却默默地从东向西送来了来自前苏联移民的宝贵情报：1979 年 4 月初的一个夜晚，前苏联乌拉尔山东边的斯维尔德洛夫斯克发生了一次爆炸，声音虽然不很大，但却打乱了这个地区的宁静生活。

爆炸后的第二天凌晨，医院门前突然排起长龙。他们当中有工人、集体农庄庄员，也有士兵。这些人披着毯子、穿着大衣，有的连被子也抱了出来。大家都在等着挂号。急诊室内挤满了男女老少。两名夜班护士忙得不可开交，而从患者手中接过来的体温计几乎个个都超过38℃。走廊里也站满了人，仍有病人不断地向医院拥来。街上的气氛也非同往常，平时亲戚朋友熟人见面，总要寒暄一阵，现在只是点一下头，甚至连微笑都露不出来。

历来很少光顾医院的019部队人员，这时也不得不打破深居简出的惯例，三三两两地跑来看病。他们之中，有的甚至连工作服也没来得及换，就直奔医院而来。这些人在街头的出观给已经笼罩的恐怖气氛又增添了几分神秘的色彩。

前往看病的都被留下治疗，床位已经占完，只好腾出居民楼来收容病人。一两天后，医院太平间门前便有了新的车印。自从发生七八名人员死亡之后，穿军装的医务人员便接管了全部医疗工作。军队医务工作者从接诊病人到最后宣布死亡，乃至遗体的火化全部承担了下来，不许地方人员插手。建筑物顶上架起了通讯天线，这个地方与莫斯科的联系突然频繁了起来。

最使人吃惊的是，病人被收容住院后，便不准再与亲人见面，不准探视，既不准取回病人的衣物，也不准给他们捎东西。病人就是死了，也不把遗体归还亲属。一名砖厂工人说："我的祖母住院两天后去世。全家人要求按照东方正教习俗与死者见上一面，祈祷几句，亲上一亲。这些都没能做到。这种时候，通常都是由军人主持，举行一个简单的葬礼，就匆匆忙忙在士兵监视下火化。即使在葬礼中，死者的脸也总是遮盖着。"

从4月5日开始，一个月内每天有三四十人死去。死亡的原因都是呼吸衰竭。死者的病状极其相似：剧烈咳嗽，高烧42℃，耳朵和嘴唇出现紫绀。军人们除了主管医疗救护工作外，特别兵种的人员还在这一地区开展了卫生、洗消消毒活动。在一条道路上，一些士兵还戴上了面具、手套。喀什诺小村的街道重新铺上一层沥青。掘土机神经质地将足球场等一些地方刮去一层地皮。飞得低低的直升机在房顶和树梢上喷洒药剂。像油罐车一样笨重的军用车在各个大小街道喷洒着路面，进行消毒。居民应召进行注射。鸡鸭等家禽虽未发生死亡现象，但也进行注射。至于猫狗等动物则全部斩尽杀绝。一时之下，鸡飞狗叫，不时还从村里传出人们的嚎哭声。

村镇苏维埃组织了党团员会议、干部会议，在此之后，还召集居民和儿童讲话。当地报纸《斯维尔德洛夫斯克新闻》发表文章。电台播送卫生讲话稿。所有这些，其内容大体都是解释这些令人不安的现象，解除人们心头的困惑。一个负责人在广播中提请人们："保持镇静，这个地方没有发生什么了不起的大事，不要大惊小怪。在近日的生活中，要特别警惕西伯利亚溃疡病（肺炭疽病）的发展。"而卫生部门的文章则写道："这种疾病只在很小地区发生，而且很快就会过去。"在召集的居民大会上，政工人员要求这一地区的苏维埃公民，对外谈话要按统一口径，不要擅自回答问题，更不要在外国人面前表现出不安的情绪。

像这样的情报从移居英国、西德的前苏联人口中大量传出，有的还把材料发表在地下刊物上。当材料搜集到足够分量的时候，美国国防部那名上校又从计算机的储存中，将卫生侦察资料取出。多名专家、学者研究，讨论了这些材料，然后得出一个可怕的结论：前苏联违反日内瓦协定，加紧生物战，即细菌战准备。斯维尔德洛夫斯克事件可能是一起细菌战工厂或仓库的爆炸事故，病菌外泄，形成瘟疫。

美国毫不犹豫地将此事摆到了前苏联驻美大使的桌上，要求作出说明。莫斯科起初愤怒地驳回了这种指控。外交官们在未弄清真相或未得到政府首脑的指令之前像往常一样声明说这纯粹是五角大楼的无端诽谤和虚构。可时过不久，即 1980 年 3 月，华盛顿又提出进一步质问时，前苏联政府只好承认在斯城地区确曾有过一种肺炭疽病流行。至于原因，那是居民不慎食用了变质肉类引起的。外交官紧接着辩解说，这样的事情并非只发生在前苏联。前苏联政府提出了"肺炭疽病"这个人们并不熟悉的词，这就引起人们进一步探索"肺炭疽病"的病情、病因和地区历史及现状等十分复杂的问题。

什么是肺炭疽病呢？

首先要涉及的问题是什么是炭疽杆菌。这是炭疽病的病源。炭疽杆菌属微生物，是形体较大的致病菌，长 5 ~ 10 微米，宽 1 ~ 3 微米，两端平截呈链状排列，链的长短因环境而异。炭疽是人畜共患传染病之病菌，历史上曾对人类的生命财产造成严重损失。例如1607年，欧洲有6万人死于炭疽所引起的疾病；1875年，俄国有将近10万头骡马死于炭疽病。正因为如此，人类开展了对炭疽病及炭疽杆菌的研究。但遗憾的是少数人将其引入了细菌战、生物战的领域。

炭疽杆菌的发现是由德国和法国医生完成的。他们对死于炭疽病的动物反复观察，进行尸体解剖、血液化验，最终在死亡动物的血液中通过显微镜找到了杆状的炭疽菌。随后人们逐渐从理论上完善对炭疽的认识。德国医生郭霍观察了炭疽菌生长特性，创建了染色方法并利用固体培养基培养分离技术获得了炭疽杆菌纯菌种。至此，医生完成了炭疽杆菌的初步研究；以后又深入一步，将纯种炭疽杆菌接种于实验动物，使之成疾，证实了炭疽杆菌确实可以致病。随后，著名细菌专家巴斯德又制成人工自动免疫菌，成为人类与传染病作斗争的一个突破。

医学专家们说，一个未获免疫注射的人只要吸入1毫克炭疽杆菌，便有几千个细菌进入体内作乱，人就会生病。军事专家既对杆菌可在大气中广泛传播感兴趣，又被其存活能力极强所吸引。美国的研究表明，一架轻型轰炸机就能在2千米航程内，布撒出50千克的炭疽杆菌，制造出20平方千米的染毒面积，该地区居民便将经历一场灾难。

炭疽杆菌致病，患者一般有1～3天潜伏期，但也有短至12小时之急症。该病分皮肤型、肠胃型、肺型和脑膜型。研究者认为，自然致病者中皮肤型最多，而人工致病者，即受人工布洒之细菌战、生物战环境中，以肺型患者最多，其次是肠胃型，至于脑膜型，临床极其罕见。炭疽病原本主要生在马牛羊等动物身上。这些牲畜一旦患病，就很快死去。例如，一只绵羊得了炭疽病后，便发生四肢痉挛、嘴吐黑血，几分钟后便死去，即使像牛马等一些较大的动物，患病后也活不过3天。

在自然界中，炭疽杆菌一般不以人类为主要袭击对象，患病的首先是哺乳类动物，也会传染鸟类、两栖类和鱼类。然而，去过斯维尔德洛夫斯克的两名西方教授说，那里没有发现任何动物患病，但又将猫狗杀光，这有些蹊跷。现代科技知识使人有理由认为，经过了人工选择变了种的炭疽杆菌侧重于使人发病。这也许是20世纪人类生物学的恶性突破。发达的科学为人类所创造，却又用来加害于人本身。

任何人的知识都是有局限性的。美国国防部那名上校在一大堆困惑不解的问题出现的时候，只好请人协助。一批包括医学专家、卫生专家、药物药理学者、兽医专家、生物学家乃至历史和地理专家在内的各方面人士应邀来到了华府。一个特别的综合性讨论会开始了。“炭疽病传染到人身上通常有三种方式，”兽医专家首先发言，“一是人员处理动物毛皮或为动物注射与染毒牲畜接触，牧区人员或农业人员首当其冲；二是通过呼吸道吸入炭疽孢子而得肺炭疽病；三是通过消化道肠胃传染，嘴馋而吝啬的人误吃了患病牲畜肉而得。”但是，他突然提高了声调，“前苏联人患的是肺炭疽病，而前苏联当局却硬说是食用变质肉类，这不是荒唐吗？”不少人听了都耸了耸肩。

一位个子很高、英语不够流利的人摘下了老花镜站起来发言：“本人认为，首先，人类的确可通过自然方式，如通过大气途径导致炭疽病，但病例极其罕见，除非是非自主地或偶然地在大气中散布。”这位医学家在说到“非自主地或偶然地”几个副词时，其声调足以振聋发聩，给人留下深刻印象。“第二，狗与猫虽然对炭疽病有抵抗力，然而也能成为带菌动物传播给人，但必须有一接触形式，而前苏联的情况不像。第三，如果出现在前苏联的这次瘟疫的的确确是肺炭疽病，那就只能用空中有一巨大的传染源来解释。”大家听了他的发言，都会意地点着头。那位国防部上校更觉得言之有理。

这时，一个自称是犹太人的历史学者慢条斯理地站起来发言。听惯了自然科学家发言的听众，这时都想听听历史学家的意见。他说道：“前苏联塔斯社宣称，斯维尔德洛夫斯克附近有炭疽病流行，并说那是一个世纪以来，一直受到牲畜流行病威胁的地区。我作为一个历史学者，不禁要问，如果真是那样，为什么没有采取预防措施？今天某些预防药并不难得，一有病人很容易治理，而且收效很快。难道前苏联缺医少药吗？不！前苏联政府战后几次宣布医药降价，因此，此解释站不住脚。”

“乌拉尔地区自然流行炭疽病的说法也不令人信服。”这位历史学者拿起一本紫色的硬皮厚书，继续讲了起来，“其实，前苏联早已将炭疽病灭绝了。在上世纪初，这种病确实威胁过这一地区，那时正值日俄战争，这本书就记载了俄国 500 名士兵因患此病而死亡的史实。1914 年以前，共有 8000 人死于炭疽病。俄国十月革命后，便很少有这种病例的报告。两次世界大战之间的 20 多年，只发生过 6 起，死亡 64 人。自 1945 年起，前苏联再也没有报告过此类事件。”

会议又讨论了一些枝节问题，发生了一些争论，但结论都十分一致，这里有细菌战问题，即违反日内瓦协定的问题。

在现代史上，没有哪个国家肯承认自己违反国际条约。第一次世界大战，德国在大规模进行化学战之前，总是首先控告对方使用化学武器。日本在种种铁证面前，也不愿承认自己的化生战罪行。前苏联关于乌拉尔事件的遮遮掩掩，也是在否认自己的生物战研究行为，不承认国际上的指控。

舆论普遍认为，前苏联乌拉尔山麓东南斯维尔德洛夫斯克城郊，一个受美国卫星监视的地方，正是事故发生的地方。那里有一个前苏联的保密科研机构，其内部名称是“微生物与病毒研究所”，其公开代号是“第十九号军事单位”。专家们确认这个单位在 1979 年 4 月，正当研制生物战所用炭疽杆菌孢子时，加压系统发生故障，引起爆炸。炭疽杆菌大量逸出，其后的一切现象都与这一结论有关。这一结论最后还是得到官方的证实，有上千名人员因患肺炭疽病而死亡，单位领导受到了严厉的处分。

前苏联早在 1925 年就开始对生物战发生兴趣，在莫斯科成立了生物战试验室，以后挂牌为兽医研究所作掩护，地址也迁到一个岛上。第二次世界大战中，又将这个发展了近 20 年的绝密单位迁到乌拉尔以东。类似的机构，前苏联还有 8 个，分别设在加里宁和新西伯利亚斯克等地。乌拉尔事件并不是唯一的一次事故。不管什么国家，不管其操作规程多么严格，只要进行生物武器的研究、试验和生产，就可能会有一些这样或那样的事故发生，就会给人的生命财产带来损失，这似乎成为一种规律。就在前苏联政府和斯维尔德洛夫斯克地区人民惊魂未定之时，前苏联的生物战机构又为他们增添了烦恼。

大家知道，蚊蝇蚤虱是进行传统生物战的四员干将，进行细菌战大都离不开它们。但是高科技生物学的进展，使前苏联一方面着手研究炭疽杆菌致命武器，另一方面，生物战专家发现了这些比较低级的动物在实战中存在许多问题，最突出的问题是它们不够主动，已不是现代生物战的理想传媒。

为了寻求更主动、更灵活的传播媒介，前苏联着手研究使用鸟类、飞禽作为载体，用这些较高级动物去传播细菌、生物战剂，认为它们会更为主动。经过研究、筛选，发现候鸟或定期迁徙的禽鸟具有更大的优越性。

用鸟类作为媒介，带着诸如霍乱菌种，飞往敌国，致使敌国兵民致病，造成瘟疫流行，为战胜对方创造条件。然而动物毕竟是动物，总有异常失控之时。

1970 年，一群为试验饲养的身载病菌的飞鸟突然失控，由基地飞出，几天几夜不归，去向不明。人们无论如何也不曾想到，经过多年驯养的禽鸟会不辞而别，身上还带有致病细菌。没过多少天，前苏联避暑胜地黑海之滨的敖德萨地区政府报告，发现飞来一群小鸟，身上带有特殊标志。就在发现这群不速之客的同时，一场霍乱便在这个美丽的海滨城市流行起来。当局出于无奈，只好将该城市关闭，中断交通并将居民紧急动员起来，费了很大力气才将疫情控制住。当局在将病人妥善安置、隔离的同时，教育居民不要听信“谣言”，保持镇静。军队紧急出动，四处围剿将群鸟捕获或杀死，却又对群众讲，城市霍乱流行与群鸟飞来毫无关系，不应大惊小怪。至于基地的有关人员及领导则受到了严厉的处置。尽管如此，仍有一小部分飞鸟下落不明，形成了有名的“敖德萨之谜”。

细菌战、生物战的研究始终伴随着研究者、研究国的灾难，人们一直企盼着停止此类的一切活动，让生物学真正为人类造福，生物学家为人类生存谋求健康和幸福。

天然毒素瘟神——肉毒素的危害

毒素是致病细菌或真菌分泌的一种有毒而无生命的物质。它的特点是毒性强（1克干的肉毒毒素可使8万人中毒）。微量毒素侵入机体后即可引起生理机能破坏，致使人、畜中毒或死亡。毒害作用取决于毒素的类型、剂量和侵入途径等，但没有传染性。毒素有蛋白质毒素和非蛋白质毒素。由细菌产生的蛋白质毒素，毒性强，能大规模生产，被作为潜在的战剂进行了广泛的研究。一些国家的有关资料表明，可能作为毒素战剂的有A型肉毒毒素和B型葡萄球菌肠毒素，前者被列为致死性战剂，后者被列为失能性战剂。

肉毒魔王"七兄弟"麻痹神经要人命

肉毒杆菌毒素是肉毒杆菌产生的蛋白质毒素，也是神经毒素。该毒素一旦作用于神经肌肉接头的特殊感受器时，首先阻碍乙酰胆碱的正常释放，影响副交感神经系统和其他胆碱能神经支配的生理功能，引起肌肉弛缓，病人死于呼吸麻痹。肉毒毒素是目前已知毒素中毒性最强的毒素，能够在一般细菌实验室生产，美国将其列为致死性战剂，大量储存，军用代号为X或XR。

目前，已发现肉毒毒素有七种不同的免疫型（A，B，C，C，D，E，F），人、畜、禽类对各型毒素有不同的敏感性，引起人类中毒的主要是A、B二型，E型也在日渐增多，F型偶有发生，C、D二型的主要敏感者为动物和禽类。

美国在1899年到1969年的70年间，肉毒中毒患者中有A型占71.6%、B型占18.4%、E型占85%和F型占0.05%。据27个州1968～1969年的统计，肉毒中毒的病死率达33.3%。前苏联1958～1964年爆发肉毒中毒，病死率达29.2%，以A、B型为主，其次为E型，局部地区E型较多。

日本自1951年初次报道肉毒中毒爆发以来，大多是E型，仅1949年发生过一次 B 型肉毒中毒。A 型肉毒杆菌纯毒素是天然和合成的毒物中毒力量最强的，容易大量培养和提纯。

培养 48 小时的菌落形态肉毒杆菌是革兰氏染色阳性杆菌，长 3～9 微米，宽 0.6～1.0 微米，两端钝圆，常散在，有时也可成双或成短链状，周毛菌，有动力，无荚膜。形成芽胞虽为此菌的特征，但形成的肉毒杆菌寄居于温血动物（禽、兽）的体内，也可寄生于冷血动物消化道及组织中。A、B 型主要寄生于食草动物的肠道内，随粪便排出体外，E 型在鱼和海栖哺乳动物的肠内存在。肉毒杆菌在活的动物体内不增殖，当动物死后，肉毒杆菌才旺盛繁殖，肉毒杆菌在外界形成了芽胞，肉毒杆菌芽胞污染食物后，在缺氧的环境中，在适当的温度下，可形成繁殖型，同时产生肉毒毒素。

使人发生肉毒中毒的食品，多为罐头和熏、腌的食品。A 型多为水果蔬菜、豆、肉、鱼等；B 型为肉类；E 型为生鱼或海栖哺乳动物的生肉。由于肉毒杆菌是厌氧菌，必须在厌氧条件下才能在食品中繁殖，产生毒素。毒素不耐热，故本病多发生于有冷食腕、渍或家制罐头食品习惯的民族。

日本北海道地区 1951～1960 年发生的 19 起肉毒中毒都是因吃各种生鱼肉和米饭混合的发酵食品中所含 E 型肉毒毒素引起的，我国新疆地区的肉毒中毒都是由 A 型或 B 型肉毒毒素所引起，少数情况为 A 型和 B 型肉毒毒素混合引起。E 型肉毒中毒，国外多发生在毗邻河、海地区，而我国却在西藏、青海高原有 E 型中毒病例的报告，发生在黑龙江省依兰和吉林省盘石的 E 型肉毒毒素中毒都是因吃家庭自制臭豆腐所引起，此特殊的地理分布值得进一步探讨。

在细菌战中使人致病的是 A、B、E 三型。A 型毒素不仅可在实验室细菌培养产生，还可以提纯析出晶体，为研究和使用的重点。E 型肉毒杆菌在美国的某些军事研究机构中，对其生态特点等进行了连续的研究。肉毒毒素经过黏膜表面如肠道、气管或眼结膜等吸收，可发生多少和难易，不同的菌型或菌珠所需要的培养条件不同。

肉毒中毒。临床材料表明，肉毒杆菌还可在伤口内厌氧条件下产生毒素，而引起伤员 A、B 型肉毒中毒的发生。

战时使用肉毒毒素进行生物战，主要是施放气溶胶经呼吸道感染，也能施放于水源经肠道感染。肉毒毒素的毒力，因中毒的途径不同而有差别，吸入的致死剂量口服为小。A型肉毒毒素经口的致死量为0.002毫克，吸入致死量0.0003毫克，相当于每立方米空气中含有0.02毫克A型肉毒毒素时，即呼吸1分钟（每分钟吸入15升）所吸入的毒素量。还可以使用肉毒毒素干粉污染水源，在不流动的冷水中肉毒毒素可保存一周，干粉撒入水中，若不被氧化，则在12小时内仍有作用。此外，敌人还可能用带毒的小动物腐尸污染水源，造成家畜肉毒毒素中毒。由于本病发生后，不能继续传播，因而敌人可作战术武器使用，即在我前沿阵地或将进入的地区施放。

病理与症状

肉毒杆菌或其芽胞侵入人体或各种动物的胃肠道，主要致病的是肉毒杆菌的外毒素——肉毒毒素。微量毒素即可引起人和多种动物中毒或致死，但其耐热性比芽胞小，煮沸30分钟即可破坏。

肉毒毒素是一种最剧烈的蛋白质神经毒素。它主要作用于中枢神经的颅神经核、神经肌肉连接处以及植物神经的终板，阻碍神经末梢乙酰胆碱的释放，因而引起胆碱能神经支配区肌肉和骨骼肌的麻痹，产生软瘫现象。肉毒毒素与神经接触后，反应极迅速，体外试验经30分钟即可使肌肉麻痹，而且当毒素与神经肌肉终板接合后，再用肉毒抗毒血清中和，亦不能阻止麻痹的发生。本病的病理改变不一定能反映出中毒的程度，因为中毒愈严重，死亡愈快，组织的病变反而较轻。

肉毒毒素中毒后，潜伏期绝大多数在6～36小时，亦有短至3小时，最长可达30天。潜伏期长短取决于菌株毒力、食物中毒素含量、进食总量及个体差异等因素。一般认为潜伏期愈短，病情愈重，预后愈差，但潜伏期长者病情亦有较严重的。肉毒毒素中毒后起病突然，以中枢神经系统症状为主。

根据临床表现轻重及病情发展可分为轻型、中型、重型三种类型。

(1) 轻型在起病初期有一般前驱症状，表现为全身疲乏无力，头晕头痛，部分患者可出现恶心呕吐、腹胀、腹痛或便秘等症状，腹泻一般较少见。随后迅速出现明显的神经系统中毒症状，表现视力模糊、张目困难、瞳孔散大、眼球震颤、复视或斜视等，并有眼睑下垂，可为单侧性，亦可双侧同时发生，眼睑下垂为本病重要的特点之一；另外也可有其他眼内、外肌瘫痪等症状，主要因损害视神经、动眼神经和外展神经所致。部分病例也可能并无前驱症状，起病最早期的症状即表现为眼部症状者。还可出现口腔分泌物增多，咽反射减弱或消失、口干、颈软及抬头困难等症状或体征。

（2）中型除有上述轻型症状外，并有张口伸舌困难、声音嘶哑、言语困难等后颅神经损害症状。这些症状可出现在眼部症状之后，也可与眼部症状同时出现。

（3）重型在前二型临床表现的基础上，紧接着出现吞咽困难和呼吸麻痹，此为较严重的表现。患者在开始时觉咽食费劲，口、唇及面部有麻木感，以后咽干食困难，最后对稀食及水都不能下咽，饮水时即“发呛”，若未及时治疗，少数患者可发展至延髓呼吸中枢麻痹或隔肌麻痹，最后导致呼吸麻痹、衰竭而死亡。

整个病程中，体温一般多正常，神志始终清楚，血压常在病程第 1 ~ 2 天可有暂时性轻度或中度升高，以后即下降，个别重型病人尚可能出现休克。血象多在正常范围，少数也可有轻度白细胞增高。脑脊液检查一般正常，部分病人也可有细胞轻度增高，但糖、氯化物均正常。

治疗与预防治疗可分为特异疗法和支持疗法两大类。特异疗法是使用型特异的抗毒素。抗毒素使用的时机越早，治疗效果越好。由于临床诊断常不能区分中毒的毒素型别，不能做型对应的抗毒素治疗。因此有的国家生产的治疗血清是多价的。中国生产的肉毒抗毒素是单价分装的。未确定中毒型别前，混用几种抗毒素，在混合比例中将地区常见型用到首次治疗剂量，确定引起中毒的毒素型别后，可只用对应型抗毒素治疗。应用抗毒素治疗，要注意做皮肤过敏试验和对用抗毒素后少数人的血清病处理。

支持疗法是特异治疗的辅助措施，在没有抗毒素、中毒剂量不大的情况下，正确运用支持疗法，治愈率也可达 80% 以上。一般支持疗法为绝对卧床，输液，给以大剂量的维生素 B 复合物。气管切开的适应症是一般吸痰方法不能排痰，可能导致窒息。病情和体力可耐受者，已出现高度的呼吸困难或窒息时，应使用电呼吸器或使用一般方法坚持作人工呼吸到恢复主呼吸为止。有明显呼吸困难者不宜用镇静剂，试用高压氧仓可缩短治愈期。对人预防肉毒中毒的有效方法是将食品加热到 100℃以上再吃。

肉毒杆菌的毒素，加热可以破坏，A 型 60℃、B 型和 E 型 70℃、C 型和 D 型 90℃，经 2 分钟即可破坏，所以对怀疑有肉毒毒素的食物，煮沸半小时以上，可保安全。当受肉毒毒素气溶胶袭击时，立即戴口罩或防毒面具；在毒素严重污染地区，人员或车辆通过能造成再生性气溶胶导致吸入中毒，也必须做好个人防护。物体表面沾染的毒素可用氢氧化钠液、来苏儿、高锰酸钾等消除，一般饮水消毒的氯量不能消除毒素，做应用超氯消毒法，最好煮沸半小时以上。地面可用漂白粉按一般生物战剂要求的用量消毒。肉毒中毒根据其流行病学的特点，平时对人毋须进行免疫预防，对家畜可用菌苗作自动免疫。针对生物战剂，可接种多价精制类毒素，可以获得预防肉毒毒素气溶胶攻击的效果。本病无传染性，收容治疗病人毋须隔离。

生物武器的防护

瘟神像恶魔一样，无孔不入，它在空气中随风飘移。如果被人吸入肺内，可使人生病；如果降落在各种食品表面上，人吃了带有生物战剂的食物或水，也可使人得病；如果落在地面、桌面或其他固体的表面上，生物战剂又可在刮风、扫地或抹灰时，和灰尘一起飘浮起来，在空气中成为再生性微生物气溶胶，有的就这样反复多次，维持数日。所以我们在敌人施放生物战剂时，不但要搞好防护，还应积极主动出击，就地消灭可恶的瘟神。

各种有害的微生物我们虽然看不见、摸不着，但是微生物必须依附于一定物品，或寄生于昆虫和动物身上，才能生存，才能使人患病。如果在微生物侵入我们人的机体以前，对它所依附的物品进行猛攻，就可让它死无葬身之地。

各种微生物，对自然环境和各种物理环境或化学药物的抵抗力各不相同。一般说来，细菌繁殖体的抵抗力最弱，其次为病毒、立克次体、真菌，以细菌芽胞的抵抗力最强，强弱相差几倍甚至上万倍。如果不知道敌人施放的是什么生物战剂，就应按最难消灭的细菌芽胞来处理。不管敌人施放的是哪种生物战剂，不管微生物附于什么物品，寄生于什么昆虫或动物体上，我们都有办法消灭它。

提高警惕　果断消灭

粉碎瘟神阴谋，保护人、畜生命安全，需要提高警惕，高度戒备，早期发现瘟神出笼，采取果断措施消灭之。这就要求平时掌握国外的有关情况，研究国外生物战的发展趋势、武器装备、储存方面的情报，以及国内疫情历史和现状的资料，做到心中有数。

战时要建立健全各级三防组织，实行群专结合、军民结合的防护体系，了解掌握敌情，及时查明敌人使用生物战剂的有关情况。侦察应注意下列事项：

（1）空情。如敌人用飞机施放时，应查明机型、航向、高度，特别注意低空盘旋时机尾部形成的烟雾，有无投下不炸或炸声很小的炸弹和容器，并详细记录其施放的时间、地点及气象条件，如晴、阴、温湿度、风向及风速等。

（2）地情。在现场观察敌人投掷实物及残迹，如可疑的弹坑、弹片、容器、气球、降落伞、粉末、液滴或昆虫等，根据具体情况，判断污染范围，划定污染区。生物战剂气溶胶的污染范围，可根据施放方式、施放器材（生物弹、喷洒装置）的大小和数量，结合风力、风向进行判断。其昆虫污染范围，可根据其分布及活动范围来判定。

（3）虫情。观察昆虫或动物是否出现反常，如季节反常（冬季雪地出现苍蝇、蚊子等）、场所反常（山坡出现大量蛤蜊等）、种类反常（出现当地未有过的昆虫和动物）、密度反常（昆虫密集成堆）及昆虫带菌反常或耐药性反常。

（4）疫情。敌人进行生物战，人为地造成传染病流行，其疫情具有以下特点：①突然出现当地没有或罕见的传染病，突然出现人畜患病，或大批牲畜死亡，原因不明。②疾病出现季节反常，如虫媒脑炎出现在冬季。③传播途径异常，如经呼吸道感染了肠道传染病。④在同

美军喷洒高浓度液体

一地区出现各种异常的传染病或异常混合感染。⑤在出现反常情况后，突然发生大量的相同症状病人或病畜。特别是从病人、病畜或尸体中分离出的致病微生物与敌投物分离出的相一致，尤应注意。⑥患者的病型异常，有些传染病的临床型复杂，如炭疽有皮肤型、肠型、肺型、脑膜炎型，平常多为皮肤型，其他型较少见。生物战中，就会出现临床的病型反常，没有炭疽接触史的人员中，出现一批肺炭疽，有的甚至为脑炎型，这就会发现敌施放了炭疽杆菌气溶胶。当发现上述情况时，应及时向当地政府或有关机关报告。有关部门应立即派专人进行现场调查，除组织捕灭、防止昆虫逃散外，原则上全部或部分保护现场，并迅速报告军或省以上领导卫生机关，及时进行妥善处置，并且严格执行关于传染病管理有关规定。

当全面侦察获得有关资料后，应进行周密分析判断，粉碎敌人阴谋。

（1）周密分析反常现象，在战时可遇到一些自然界的反常或传染病流行的反常现象，往往很难和敌人使用生物武器的迹象相区别。例如，在某一地区突然出现大量密集的昆虫，当地气温也未突然上升，自然界昆虫出现季节“反常”，如能进行科学的分析，是完全可以与敌投昆虫相区别的。

（2）联贯分析，找出真相。战时由于敌人隐蔽使用，往往消灭容器痕迹，气溶胶一般不易发现，所以很难碰到一套完整的线索。因此，我们必须把所得到的材料，逐项核实，不放弃任何对判断有意义的线索，加以联贯分析。找出各种迹象间的相互关系，查明敌人使用了生物武器，并暴露其全部真相。

利用科学仪器检测

肉眼是看不见瘟魔的，它比我们的眼球小 2 万倍以上，必须借助“照妖镜”——显微镜将它放大才能视见。在 321 年前，荷兰国有一位叫吕文虎克的先生，制作了能放大 270 ~ 300 倍的显微镜。他制作的显微镜构造很简单，仅由几块透镜组成。后来经过多次改进，现在所使用的显微镜则由一套透镜组成。

显微镜通常能将物像放大到约 2000 倍。除了我们常用的普通显微镜外，还有相差显微镜、暗视野显微镜、荧光显微镜、电子显微镜和扫描电子显微镜。前四种显微镜都是利用光源的光学显微镜。电子显微镜则是利用电子波检视物体。电子显微镜可将物体放大1万~3万倍或更高的倍数，通过照像装置最终可放大20万倍以上，因而能识别细胞较微细的结构。在侦知判断的情况下，应采集各种敌投物、被污染的物体以及病人、尸体或动物的标本，送到检验机关进行微生物学检验。检验通常分为常规检验和快速检验两种，在反生物战的检验中需同时并用。检验工作要由专业人员进行。检验的目的在于及时发现和判明敌人使用生物战剂种类。检验结果应迅速上报领导机关。检验的作用除揭露敌人罪行外，也对采取封锁污染区和疫区，进行隔离治疗、消毒等措施提供依据。

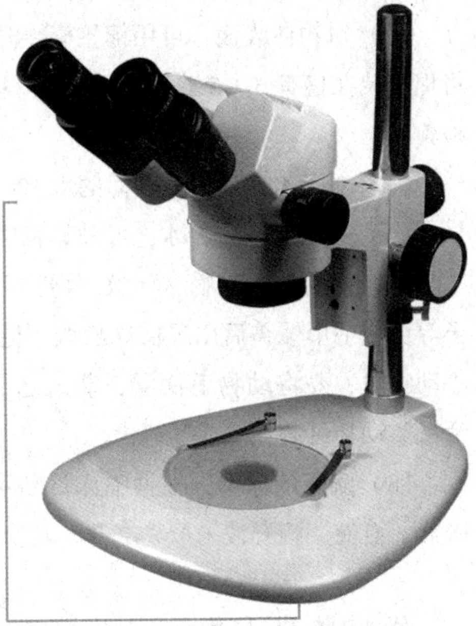

显微镜

采集生物战剂样品时，应做好个人防护，不能直接用手取标本。采完后应将防护和外衣、采样工具等进行消毒处理，对可疑受染的采集人应进行医学观察。盛标本的容器应经过严格消毒，并保持干燥清洁。对采集的样品要标明地点、时间、标本数量和采集者单位、姓名等。为了防止标本变质，应及时送检。如不能送检时，应放在阴凉处或用保存液保存。病毒或立克次体标本可用50%中性甘油等保存，病理标本可浸泡在10%福尔马林液体中，以防样品变质或扩大传染范围（最好用密封容器包装好后再送）。

采样方法力求简便、迅速，除用制式器材外，也可因陋就简，就地取材。对采集各类标本有以下要求：

(1) 空气取样。当敌人施放气溶胶时，可用各种空气取样器，在施放中心或下风方向附近数处分别采集（气溶胶取5~10升为宜）。

（2）对弹坑、弹片或其他可疑的物品，可直接取样（军用侦毒器加上一定的装置，可采样）。

（3）对可疑污染的植物，可采取树叶、草叶10克左右。

（4）对物体表面，可用棉签蘸冷开水或蘸3%明胶盐水擦拭取样，然后将棉签装在盛有3~5毫升肉汤培养基或生理盐水的试管或其他容器内送检验。

（5）对于水，应取其表面的水100~500毫升。

（6）对泥土、雪、冰，可采其表层5~10克，装入小瓶或塑料袋内。

（7）对昆虫、动物，如蚊、蝇，可用吸蚊器或捕虫网捕捉，跳蚤、虱子等可用毛巾覆盖后用湿棉球蘸取。昆虫标本需采集20~50只活的。捕捉小动物时，要将动物毛润湿，装入通气的容器内以防寄生虫逃逸和死亡。活鼠类动物可装铁笼或瓦罐内。

（8）病人的标本，根据临床诊断可取其血、痰及粪便等，尸体则取其脏器。血液、脑脊液采取3毫升、吐物10毫升、粪便3~5克、痰适量。

修建防化工事

对待瘟魔，在战略上应藐视它，瘟魔并不可怕，是可以战胜的；但在战术上又要重视它，认真采取防护措施，不能麻痹大意。当遭到敌人的生物武器袭击时，为了减免受害，必须应用防护器材和装具进行个人或集体防护，阻止病魔进入体内。

1. 个人防护

（1）呼吸道的防护。生物战剂气溶胶主要是经呼吸道侵入人体的，因此，保护好呼吸道非常重要。防护的方法有如下几种。

①戴防毒面具。防毒面具的式样很多，它主要由滤毒罐和面罩两部分组成。滤毒罐包括装填层和滤烟层。装填层内装防毒炭，用于吸附毒剂蒸气，而对气溶胶作用很小；滤烟层是用棉纤维、石棉纤维，或超细玻璃纤

维等做的滤烟纸制成的。为了增加过滤效果，滤烟纸折叠成数十折。它的作用是过滤放射性尘埃、生物战剂和化学毒剂气溶胶，滤效可达 99.99% 以上。使用和保管防毒面具时一定要防潮。

②使用防护口罩。通常使用的口罩是 64 型防护口罩。这种防护口罩是用过氯乙烯超细纤维制成。口罩对气溶胶滤效在 99.9% 以上并且空气阻力小。口罩内有个塑料支架，滤布不直接接触口鼻，比普通纱布口罩的通气性能还好。滤材周边有松紧带和棉花垫圈，鼻梁处有软铝片，可按脸型调节至密合。用时要特别注意口罩周边部分与鼻梁两侧完全密闭。配戴正确时，口罩会随呼吸起伏，周边不漏气。平时保管，要用清洁的纸包好，放在干燥处，注意避免高温（不超过 60℃），不和有机溶剂接触。

口罩用后被污染，可集中用环氧乙烷气体消毒后再用。在紧急情况下，如果没有防毒面具或 64 型防护口罩，可用容易得到的材料制作以下简便的呼吸道防护用具。

防护口罩

脱脂棉口罩：用 80 厘米长、50 厘米宽的纱布一块，中间铺一块 26 厘米 × 15 厘米大小、1.5 厘米厚的脱脂棉垫，把上下纱布折过来包住棉花，两侧纱布剪开作为口罩带，就做成了一个脱脂棉口罩。使用时，上面的带子系在头后部，下面的带子从两侧向上系在头顶，防止面颊部漏气，滤效可达 80% 以上。

毛巾口罩：将毛巾两边剪开成四根带子，再将毛巾折成五折便成。新毛巾比旧毛巾效果好，滤效可达 70% 以上。

三角巾口罩：在三角中中央加一块脱脂棉垫，折成四层便可以。滤效在 80% 左右。

棉纱手帕：将手帕折成八层，钉上带子即成。

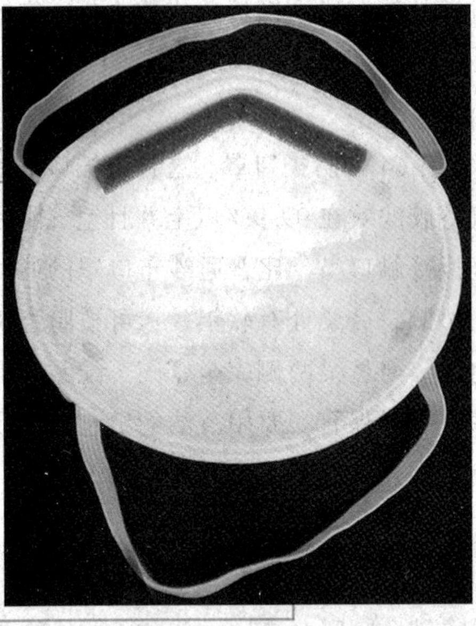

防尘口罩

防尘口罩：市售防气溶胶口罩（通称防尘口罩）式样很多，滤村也各式各样。过氯乙烯超细纤维滤材制成的防尘口罩（如工卫 69 型）效果较好，呼吸阻力小，但周边与脸吻合不够严密，对气溶胶滤效约 95%。一些利用尼龙布或拉毛氯伦布（如湘劳Ⅰ型、Ⅱ型，包钢Ⅰ型等）的普通防尘口罩内面加一层超细纤维滤村，也可防护气溶胶。

（2）皮肤防护。为了防止有害微生物通过皮肤侵入身体，也需要有保护皮肤的防护设备，通常使用的有以下几种：

①隔绝式防毒衣。它有连身式和衣裤分开的两截式两种，供防化分队人员在污染地带执行任务时用。

②防疫衣。它包括布质连身服、头巾、高统布袜等，供专职防疫人员用。没有防疫衣时，可把袖口和裤脚扎紧，袜子套在裤脚外面，颈部围上围巾，戴手套，外面再穿雨衣或披塑料披布，这样同样可对皮肤起防护的作用。

（3）眼睛防护，可戴风镜或自制防护眼镜，甚至用塑料薄膜贴在眼部，也有一定防护作用。这样可防止生物战剂气溶胶进入眼结合膜。

2. 集体防护

（1）利用防毒掩蔽部或装有滤毒通风装置的坑道、地下室可防止生物战剂气溶胶的渗透。无以上条件时，可组织已进行个人防护的人员，利用地形、地物等自然条件进行防护。如迅速将人员带到生物战剂气溶胶云团上风处或气雾团飘移路线的一侧。晴朗的白天气流上升时，宜到上风低洼处。早、晚、阴天气流下降时，宜到上风高处。有条件时，房屋、帐篷可安纱门、纱窗，或悬挂浸有杀虫剂和驱避剂的门帘、驱虫网，并对墙壁、地面喷洒杀虫剂，以防昆虫进入室内。乘火车或汽车通过污染区时，除做好个人防护外，还应紧闭车门、车窗，盖好篷布，快速通过。

（2）有条件时修建永久性三防工事。三防工事要坚固，可防冲击波；密闭性要好，外界污染空气不能透入；有机械通风和空气过滤装置，保证供给洁净的新鲜空气，空气过滤系统的工作原理和防毒面具滤毒罐一样，由滤烟层和防毒炭滤毒。61－100型（每小时通过100立方米空气）和61500型（每小时通过500立方术空气）过滤吸收器，对气溶胶滤效可达99.99%以上，可根据工事体积的大小和容纳人数的多少，来决定过滤吸收器的型号和数量。普通民防工事可按每人每小时不少于2立方米清洁空气计算。在过滤吸收器前面，可以安装玻璃棉等普通滤尘材料，滤除空气中的大颗粒尘埃。

（3）地下铁道以及各种地下建筑物都可以当做集体防护工事用。利用简易工事防护。少量的分散的人群可用简易防护工事，在工事通风口处可用锯末、土颗粒制成滤毒坑，用风箱抽气。手动风箱产生的风量约为50米^3/小时，可用于20人以下的民防工事。简易工事或地道的出入口，可用水封等方法密闭。

（4）利用机动式集体防护帐篷。这种帐篷密闭性能好，有通风过滤装置，外边的污染空气不能透入，人在帐篷内可以不用防毒面具。这种帐篷恃别适用于在污染地区建立临时性指挥所、通讯中心或医疗站等。利用坦克、装甲车进行防护。坦克、装甲车本身密闭性能较好，安上空气过滤装置并保持车内空气正常，车内人员便可以不戴防毒面具。

预防接种提高自身免疫力

预防接种提高人体自身对瘟魔的免疫能力，是对生物战剂独特的有效的防护措施。

平时应定期做好各种预防接种工作，如注射五联疫苗、脑炎疫苗、种牛痘等，以增强对传染病的免疫力。除做好一般性预防接种外，战时还可根据敌人装备细菌战剂情报，或敌军注射某种少见的烈性传染病菌苗或疫苗的情报，来判断敌军可能使用某种生物战剂，而我军和人民群众进行有针对性地注射相应的疫苗，可减少或防止发病，即使发病也可减轻病情、缩短病程。

在紧急情况下，可酌情服用抗菌药物或抗生素。免疫方法除常用的皮肤划痕、口服及皮下注射外，还有皮下无针注射及气溶胶免疫。

（1）皮肤划痕法。种牛痘便是这种方法，可以预防天花。

（2）口服预防。人员在受到生物战剂袭击后，直至发病前的这段时间内（叫潜伏期），可以用抗菌药物预防。对一些细菌引起的病，如肺鼠疫可用四环素预防，炭疽用青霉素预防。对病毒，目前还没有持效药物预防，但可考虑病人痊愈后的血清作预防用。用抗菌素预防时，还要考虑到敌人可能使用对抗菌素有耐药性的战剂，使常用抗菌素无效。所以我们还要研究有抗菌作用的中草药，以扩大抗菌素新药。

（3）皮下注射法。皮下注射法是一般的打预防针。在受到生物武器袭击时，污染区内全体人员应立即打预防针。如敌人使用鼠疫、霍乱、天花等生物战剂时，污染区外的各个部队也要预防接种。在受袭击的部队发生某种传染病时，友邻部队应接种相应的疫苗。但用这种方法需要每人一副注射器，战时大规模预防接种难以做到。

（4）无针皮下注射法。无针皮下注射是用无针注射器通过手摇油泵来压缩弹簧产生高压约18兆帕，将疫苗注入皮下1厘米左右，扩散范围在2厘米以上。注射前，先调整好剂量，排除进液橡皮管内的空气。注射时，先将被注射者上臂三角肌处皮肤用酒精消毒，干后，注射者摇手柄，使主弹簧完全压缩，左手从腋下向外握住被注射者上臂，右手持注射器将注射头紧贴已消毒的皮肤，并固定，然后手按扳机，可听到菌苗喷射音。约2秒钟后，才放松扳机，移开注射器。被注射者立即用无菌棉球自行压迫注射部位3~5分钟，防止出血。

无针注射器消毒一次后，可连续使用一天。注射一人后，注射头不必消毒。短时间暂停注射，必须用酒精棉球消毒喷头，再把无菌的喷头橡皮帽套上，然后用无菌纱布覆盖，以防污染。皮下无针注射器的优点是：疼痛轻微；快速，由 2 ~ 3 人组成接种小组，每小时可注射 600 人左右；免疫效果与皮下有针注射相同。缺点是少数人有局部出血或皮下出血瘀斑，但注射后立即用灭菌棉球在局部压揉 3 ~ 5 分钟，可以防止。

（5）气溶胶免疫。将疫（菌）苗分散成气溶胶（绝大部分颗粒直径在 5 微米以下），经呼吸道吸入到深部，直达肺泡，刺激机体产生相应的特异性抗体或细胞介导免疫，达到预防同种病原体感染的目的。这种方法叫气溶胶免疫。

气溶胶免疫一般在小房间内进行，应事先调控所用活菌（疫）苗的最适活存条件，如温、湿度等。免疫时，免疫对象先进入房间，密闭门窗，然后喷菌（疫）苗，在数分钟内达到所需浓度，开始计算吸入时间。气溶胶免疫的优点：无痛疼，易为人接受；快速简便，可在短时间内免疫大量人群，尤其在战时更显出优越性。缺点是：剂量难于控制，每人的呼吸量、呼吸方式及深浅度都不同，吸入剂量也就不同。

事实上把每个人的免疫剂量限制在一个小的范围内，是很难办到的。另外，影响气溶胶中活疫苗的存活因素很复杂，在技术上难于掌握和统一规范化。最后，还可能产生迟发型变态反应，从安全上看，不如皮下注射法或皮上划痕法。气溶胶免疫的这些缺点，在传统的免疫方法上都可以避免。气溶胶免疫只能在较小房间进行，每次最多人数十人，而且疫苗浪费大。如用皮下无针注射器，有良好的组织，每小时也可以免疫数百人。

利用“蒸”“焚”消毒方法

笼蒸水煮、烈火焚妖是一种简便、经济而有效的热力消毒方法，能消灭各种类型的微生物。常用的有焚烧、干热及湿热（煮沸、流动蒸汽、间歇蒸汽灭菌及高压蒸汽）等。热力消毒主要是使微生物体内重要蛋白或酶变性或凝固而死，干热还可使细菌丧失水分，使蛋白质氧化及矿物质浓缩而导致微生物死亡。

1. 焚烧

焚烧适用于敌人投下带有有害微生物的细菌弹的碎片、杂物、昆虫或其他动物和沾染微生物气溶胶的不值钱的物品，如垃圾、杂草、扫帚、废纸和尸体等，我们都可用烈火焚烧的办法，消灭有害微生物。有些点不燃、烧不坏的，如道路和泥地等，可铺上干草，用烧草办法将落在路面或地面上的微生物烧死。

2. 干热

相对湿度低于 20% 的空气称干热空气。常用灭菌温度及时间为：120℃，8 小时；140℃，3 小时；150℃，2.5 小时；160℃，2 小时；170℃，1 小时。适于消毒在上述温度下不蒸发、不变质的物品，如各种玻璃、陶瓷及金属制品；也适于消毒那些水蒸气不易穿透，但易传热和耐热的物品，如油类、凡士林及粉剂等；不适于对有机物及各种纤维织物的消毒，因为这些物品超过 100℃，时间较长就会变质，高过 170℃就要炭化。用热熨斗（温度为 200～250℃）熨烫时，非芽胞菌 5～10 秒可死；芽胞 50 秒可死，同时还可灭虱。

使用于热灭菌时应注意：①消毒物品不宜重叠，物品上下左右应保持一定空隙，使热空气易对流和扩散；②纸、棉或毛织品等可燃物品不宜与干热箱壁接触，温度不宜超过 160℃，以免引起燃烧或烧焦；③消毒物品包的尺寸不宜大过 10 厘米×10 厘米×30 厘米；④油类、粉剂和凡士林等深度不超过 1.3 厘米，于热在 160℃作用 1 小时即可，每增加 1.3 厘米须延长 30 分钟，但深度最多不得超过 5 厘米；⑤灭菌后，应待温度降至 40℃左右再开箱门。

3. 煮沸

一般细菌繁殖体在 100℃时数分钟即死，但由于各种物品传热能力不同且为了确保安全，故常要求从沸腾开始煮沸 10～30 分钟，而肉毒杆菌芽胞须煮沸 6 小时。若加 1%～2% 苏打或 0.5% 肥皂既可使油脂及蛋白质易于溶解，有去污作用，又可提高沸点，加强杀菌作用。

此外，还应注意，水应浸没被消毒物品；衣服上若带有脓血，应先将污物清除后再煮，否则易留下难以洗去的痕迹；煮沸消毒物品最好先进行初步冲洗；煮沸时间应从沸腾开始计算；放入的物品不应超过容器的3/4；不透水的物品如碗、盘等应垂直放置，物品间应留有一定空隙，以利水的对流，但物品中如瓶子、罐筒中不应留有空气或气泡，否则有空气部分不易达到消毒目的；消毒后物品潮湿，应特别注意防止再污染。煮沸消毒简便易行，适用于消毒食具、食物、棉织品、金属或玻璃制品；不适于消毒毛、皮、塑料或化纤制品。

4. 流动蒸汽

流动蒸汽消毒的温度不会超过100℃，其消毒效果、注意事项和适用范围与煮沸消毒相同，但其消毒时间应从冒出蒸汽开始计算，消毒物品宜用孔容器盛装，以利蒸汽流通。

5. 间歇蒸汽灭菌法

不耐高热而又受芽胞污染的物品，可用间歇蒸汽灭菌。先将其加热至100℃，维持10～30分钟，杀灭繁殖体；然后冷至芽胞发芽的温度（30℃），几小时至一天后又再加热至100℃，维持10～30分钟，如此反复2～3次，则所有芽胞都发芽，发芽者都被杀死，因而达到灭菌。但若芽胞在无营养等不利于芽胞发芽的环境下，则效果不好。

6. 高压蒸汽

高压蒸汽灭菌在高压蒸汽灭菌器中进行，其所需的温度及时间应随物品的种类、性质、大小、包装方式及微生物的种类等而定，还要增加10～15分钟的安全期，一般需蒸汽压力103千帕，温度为121℃，时间20～30分钟；或蒸汽压力138千帕，温度为126℃，时间15～20分钟，包装大者要30分钟。这种方法是常用的最可靠的灭菌方法。它对最顽固的细菌芽胞也可以杀死。不怕湿热的物品如棉织品、金属和玻璃制品及生物炸弹的弹片或废弃物均可用此法灭菌。

烈火烧煮是消灭生物战剂最彻底的办法之一。因为绝大多数有害微生物在100℃以上就死亡了，就像鸡蛋煮熟以后，再也孵不出小鸡来一样，战剂微生物和毒素，被高热“煮熟”后就再也不能毒害人了。

药液浸喷防化

药液浸喷是对付生物战剂的主要办法之一。喷洒药液可利用农用喷药机械或飞机，实行机械化喷洒。喷药机械的种类很多，可根据不同的对象和具体条件因地制宜地选择应用。这种方法能在短时间内完成广大地区的消毒杀虫工作。

用作杀灭微生物的浸喷药主要有漂白粉、三合二、优氯净（二氯异氰尿酸钠）、氯胺、过氧乙酸、福尔马林、环氧乙烷和戊二醛等。由于目前还缺乏能很快鉴定微生物战剂种类的方法，同时由于敌人使用的战剂都是经过精心培育与挑选，外面包有一层保护物的抵抗力比较强的微生物，所以通常应用能杀灭最顽固的芽胞的药量来喷洒，这种药物浓度比一般惯用的要高，药物作用时间也要长一些。如漂白粉或氯胺应用2%～10%溶液，三合二、漂白粉精或优氯净用1%～5%溶液，过氧乙酸用0.2%～1.0%溶液（相当于含纯过氧乙酸0.04%～0.2%）。

使用药液要根据不同的物质而采用不同的方法。凡是不怕湿的小件物品，如橡皮、塑料、陶瓷及玻璃等制品，可用浸泡方法消毒2小时，既方便效果又好。不便浸泡的物体，如地面、墙壁、家具或敌投物等，可用器械喷洒消毒，每平方米喷300～1000毫升，喷洒后保持润湿2小时以上。怕湿的物品，如书报、文件或毛皮等，便不能用药液浸泡或喷洒方法消毒。

由于这些药物（除福尔马林和戊二醛外）大都有一定的腐蚀性，因此，不宜用于棉、丝、金属及带色物品的消毒。但这些物品可用20%福尔马林溶液或2%碱性戊二醛溶液浸喷，作用3～4小时。

如果已知敌人投放的战剂只是肉毒毒素，可用1%氢氧化钠、0.1%高锰酸钾溶液或过氧乙酸溶液浸喷。

为什么这些药物可以杀死微生物，破坏毒素呢？因为这些药物分子的化学活性很强，十分容易与微生物和毒素的分子化合，使微生物或毒素的主要成分——蛋白质发生改变，瘟神便受到了致命的打击，很快死亡。用作杀虫的主要药物有六六六、二二三、敌百虫、敌敌畏、马拉硫磷、倍硫磷、辛硫磷、西维因、除虫菊素、丙烯菊酯、胺菊酯和苄菊酯等。

为了防止敌人投撒各种昆虫，最好选用能杀死各种昆虫而且有速效作用的杀虫剂，如用稀释为0.1%敌敌畏乳剂喷雾，每立方米只需1毫升，只要5~10分钟即可杀死全部蚊蝇；每平方米喷100毫升，只要1~2小时也可杀灭跳蚤。如果几种杀虫剂混合使用，效果更好。如“速灭”杀虫剂就是由40%辛硫碳原油、8%胺菊酯、24%的八氯二丙醚及28%乳化剂制成的混合乳剂，加水稀释80倍喷洒，每立方米喷0.4毫升，10分钟即可杀死全部蚊蝇。

平时喷洒杀虫药要选择残效长的杀虫剂，如二二三或马拉硫磷等喷洒在人房畜舍的墙壁表面上，每平方米喷2克，2~3个月的时间内仍有杀虫作用，在这段时间内只要昆虫停落在喷药表面上，就难免一死。速效药与长效药配合使用，为昆虫布下了天罗地网，使昆虫无路可逃也无法生存。消毒杀虫车是用于在生物战剂污染区进行大规模消毒与杀虫作业的技术车辆。它平时亦可用于卫生防疫工作。其基本结构是在中型或大型越野车底盘上安装超低容量喷雾装置与装填消毒杀虫剂的大型药箱，两侧与尾部的柜内装有加压喷液装置和气溶胶喷雾器，以及发电机组与储水囊等辅助设备。超低容量喷雾装置固定于车的尾部，其喷头可上下左右转动，以适应各种地形的污染区处理。喷头的雾化器为多层转盘式，利用转盘快速旋转产生的离心力将药液甩出，分散为微粒。微粒直径介于20~90微米之间，可任意调节，室外杀虫时，喷药量平均每亩30~100毫升，每小时可处理面积为数百亩的污染区。

喷雾器械有手动的、气动的和电动的三种。手动压缩喷雾器喷药的雾粒较大，费药、费工、效果较差。气动或电动超低容量喷雾器喷出的药雾粒小，覆盖面积大而均匀，因而用较少量的药就能有较好的杀虫效果。大面积消毒灭虫时，最好将超低容量喷雾器装在飞机上。一架飞机一天可喷几十平方千米。还可以将速效杀虫剂的浓溶液与一定的发射剂混和（如氟里昂，其沸点很低，在低温下为液体，在常温下可自动化为气体，在密闭容器内可形成很大的压力），装在特制金属罐内，用时一打开开关，发射剂带着杀虫剂形成气雾喷出，使用非常方便，效果也很好。

烟雾熏杀法

施放的战剂微生物，可附在一些怕热、怕湿的物品上，如毛皮制品、书报、电子仪器及通信器材。对这些物品，我们既不能烧，又不能煮，既不能浸又不能喷，对付的办法就是用烟雾熏杀。我们可将物品稀疏地悬挂或摊开在一个密室或容器内，根据物品多少按每立方米空间用80~300毫升福尔马林的药量，放1倍的水加热蒸发，密闭12小时，可将微生物杀死。若嫌这种办法时间太长，则可用过氧乙酸溶液加热蒸发的办法。按每立方米空间用5~15毫升含量为20%的过氧乙酸溶液蒸发，蒸发后密闭1小时即可将微生物杀死。但不宜用这种方法对金属、带色的或易被腐蚀的物品进行消毒工作，而这些物品都可用环氧乙烷消毒。将要消毒物品装在塑料袋内，同时放入一定量的装在玻璃安瓶内的环氧乙烷，然后将塑料袋口扎紧，再击碎环氧乙烷玻璃安瓶，由于环氧乙烷在10.8℃时即可沸腾，所以在室温下能自动变为气体。或用橡胶管将铝罐内的环氧乙烷输入消毒袋内。当每升空间含环氧乙烷0.8~1.5克，密闭4~24小时后，环氧乙烷就会消灭每个微生物。若将环氧乙烷的含量增加至每升空间2.0~2.5克，消毒时间可缩短至2小时，消毒完后，打开塑料袋，取出物品，通风散气数小时即可。

在没有任何药物时，可将任何种类的木材的锯末浸入氯酸钾或硝酸钾溶液中，使木屑含有17%的氯酸钾或硝酸钾，拌匀烘干，点燃使其发烟，要消毒的物品在这种烟中密闭1小时，大部分战剂微生物将被杀死。但这种方法灭毒不彻底，也不能杀死芽胞。

对敌投昆虫，可用敌敌畏原油加热蒸发的办法熏杀，每立方米空间用0.05~0.1毫升敌敌畏，密闭熏杀20分钟即可将室内昆虫杀死。或将它制成烟剂，即用氯酸钾、硫酸铵、锯末、白陶土或黄土分别研细过筛，按20:15:20:25的比例混合均匀，再加敌敌畏原油20份，拌匀压制成块，每立方米用含0.1克敌敌畏的烟剂点燃后发烟，密闭30分钟，即可杀灭室内昆虫。药物熏杀的原理与药物喷浸的原理类似，不过熏杀时，药物的微粒更小，散布得均匀，散布得广，更有利于杀菌或杀虫。另外，熏杀时药物不会使物品潮湿，不易损坏物品。但熏杀需要对药物加热，高热会破坏部分药物的效能，为了提高药效，必须增加药量，所以熏杀不如喷雾省药。

皂水冲洗法

在敌人使用生物武器时，如果我们没有任何消毒药物，又不能煮、不能蒸、不能熏时，我们是否束手无策呢？不，我们还有几种办法对付生物战剂。常用的办法就是皂水擦洗。用1% ~2%洗衣粉或肥皂溶液，对皮肤或物体表面进行擦洗或冲洗也有一定的去污和消毒作用。因为洗衣粉和肥皂都有较强的湿润、乳化和发泡作用，这些作用可促使污物和微生物脱离皮肤和物体表面，而易被水洗去。

例如：人体皮肤沾有微生物，如用于毛巾擦，只可除去60% ~80%，淋浴可除去90%，若以水和肥皂用力擦抹，则可除去99%。因为肥皂本身也有一定的杀菌作用，洗衣粉的杀菌作用比肥皂还强，1% ~2%洗衣粉溶液可在30分钟内杀死99%以上的肠道病原菌及皮肤化脓菌。

有人做过实验，一个有脏垢物的东西，原来每平方厘米上有菌18.3亿个，只用漂白粉浸泡消毒后，每平方厘米尚有活菌1007.4万个，减少了99.45%；只用机械刷洗，不用漂白粉消毒，每方厘米有细菌197.6万个，减少了99.95%。若既用机械刷洗又用漂白粉消毒，则每平方厘米只剩0.65万个，减少了99.9996%。就物品来说，只用机械刷洗比单用漂白粉液浸泡的消毒效果还好些。当然单用机械清除的微生物不一定立即死亡，如果我们处理得当，不使这些污水污染水源和食物，时间长了，微生物也会受外界很多因素的影响，以及生物间的互相竞争而逐渐消亡。

在反生物战中，人和动物的皮肤主要靠皂水擦洗来处理，如有江河，也可在江河中洗澡，人员从下风和下游入水，逐渐向上移动。不过这时应专门划分场地，并防止污染水源。

强光辐射法

除一些含有色素的绿色细菌和紫色细菌需要光以进行光合作用外，大多数的细菌都是利用化能进行代谢作用的。辐射对化能细菌不仅没有用处，而且在一定环境下，起致死作用。因此，辐射被用作为一种灭菌的措施。辐射是能量通过空间的传布或传递的一种物理现象。能量传布可以借波动，称为电磁辐射，或借原子及亚原子粒子的高速度行动，称为微粒辐射。

电磁辐射包括可见光、红外线、紫外线、X 射线和 γ 射线。这些射线的波长不等，但有一个共同特性，即都以相同的速度传布。光通过空间的速度为 300000 千米/秒。光波长度的单位为埃（A），每一埃单位为 1/10000 微米。光含有一定能量，可被微生物吸收，微生物吸收了这种能量以后，就像受了热的作用一样，组成细胞的各个分子的运动就会比较活跃，以致有的分子与分子间、原子与原子间不能保持稳定而断离，发生结构和化学组成的改变，因而使微生物致死。常用杀菌的光有紫外光、日光和 γ 射线。

（1）紫外光照射。紫外光是一种看不见的光，用于消毒的人工紫外线灯是将气体状态的汞装入石英灯管中，通电后灯管放出紫外线。紫外线有效杀菌波长为 240～280 纳米，其中以 260 纳米最强，此波长细菌 DNA 吸收率最大，可损伤细胞 DNA 构型，使 DNA 上相邻的嘧啶通过共价键结合成二聚体，干扰 DNA 的正常复制，导致细菌死亡或突变。光线越强，或照射的时间越长，则杀菌作用也越强。但它的穿透性很弱，只能对直接照射到的微生物起杀灭作用，而且灰尘、纸和玻璃都能减少它的杀菌作用，所以用它杀菌是不彻底的。若在一个 15 平方米的房间内，天花板下装两只 30 瓦的紫外线灭菌灯，开灯 20 分钟可减少空气中细菌的 40%～75%，开灯 40 分钟可减少 58%～85%，开灯 1 小时可减少 75%～87%。

若用紫外线对带菌物品进行消毒，则只能对物品表面消毒，不能对物品内部消毒。有人实验，用紫外线杀灭玩具上的金黄色葡萄球菌、大肠杆菌及溶血性链球菌，用一个 30 瓦紫外线灯照射，保证消毒效果所需之距离及时间为：对铁、木、塑料及上釉的泥制玩具，灯距 20～30 厘米时需 3 小时，距 15 厘米需 2 小时，距 5 厘米需 0.5 小时；对软玩具距 15 厘米，需 3～4小时，且各面均须照射到。紫外线对人的眼睛有强烈的刺激，直射 30 秒钟即可感到，距 30 瓦的灯 1 米远处照射 1～2 分钟，无遮盖的皮肤即可出现轻度发红，虽然一二日即可消失，也须注意保护，故必须在直射室内工作时，须戴上防护眼镜，并保护所有裸露的皮肤表面，以防灼伤。紫外线灯的强度最好经常进行测定，测定紫外线的强度可用专门测定仪或用杀菌效果来进行测定。若低于原来的60%，或使用时间超过4000小时，应及时调换。

（2）日光照射。日光可使物体干燥和温度升高，同时含有部分紫外线，故可有部分消毒作用。射至地球的日光波长最短为290纳米，多数地区在冬季及有烟雾时，日光波长常长于310纳米，且大部分被云及大气吸收和散射，只有约39%到达地面。波长为290纳米、300纳米及310纳米的杀菌作用依次只相当于波长为254纳米的50%、6%及1%，故日光杀菌作用不强。太阳灯发生的紫外线波长多数为280.4~313.2纳米，其中短于280纳米者不到1%，故杀菌力微弱。

如含结核杆菌的痰，在日光下分别晒2、3、4、5、6、20、25、30、32、48小时后注射至豚鼠体内，结果豚鼠得了结核；以结核杆菌大量喷于野外草上，经49天后洗去仍能使动物感染。但微生物气溶胶对日光较敏感，故在防生物战中，仍有一定的作用。一般战剂气溶胶在白天经2小时、在夜间（或阴天）经8小时可以自净；沉降在物体表面的战剂，在夏季日光直射下，细菌芽胞和肉毒毒素需5~7天以上（遇雨刷洗可缩短），其他战剂1~2天可以自净；在冬季日光直射下，细菌芽胞和肉毒毒素需7~12天以上，其他战剂2~3天，积雪表面比土壤表面容易净化，若在隐蔽处或阴天时，上述时间要适当延长。

日光消毒虽简单、方便、经济、不损坏东西，但效果不可靠，须面面晒到，故一般只作辅助方法。

（3）γ射线照射。γ射线是波长短于0.10纳米的电磁波，其光量子能量大于1万电子伏，可使原子或分子电离，故属于电离辐射。γ射线多以^{60}钴或^{137}铯为放射源而发生。

微生物受γ射线照射后，吸收能量引起分子或原子激发或电离，发生一系列的物理、化学及生物学变化，而导致微生物死亡。γ射线照射的优点：①由于γ射线具有高度的穿透力，被灭菌的物品可先装在不透气、不透微生物的塑料或尼龙袋内，灭菌后可长期保持无菌，用前不必再灭菌。

对国防备战有一定意义。②可连续对大批物品灭菌，便于实行灭菌工业化和自动化。③灭菌时温度升高不会超过4℃，故适于处理易被热损坏的物品。④被灭菌的物品受形状和结构的限制不大，消毒后可立即使用。⑤操作简单，控制容易，一旦装好，只要控制照射时间即可。比用热力和环氧乙烷灭菌好。

γ射线照射的缺点：①对人有损害，照射100～200拉德即可引起轻度放射病，须有一定防护才行。②对物品有损害，如经γ射线灭菌后的棉织品和有的塑料（如聚四氟乙烯）抗张强度降低，普通玻璃变黄，有的食品可变色、变味或营养价值降低，有的水果失去原有的香味，有的药品可部分失效。③设备费大高，须专门人员才能管理。

深坑监禁处理

在无药、无水，也无紫外线的情况下，遇到敌人使用生物武器，为了不暴露目标，也不能点燃焚烧时，就可用泥土掩埋的方法，把敌投物如生物弹片、污染的杂物或尸体等，就地挖坑掩埋。掩埋先挖1米深的坑，再在坑底与敌投物表面撒以漂白粉或其他含氯制剂；生物弹可喷以10%～20%漂白粉或1%过氧乙酸后掩埋之，弹坑消毒后，用土填平。部队必经的交通要道污染后，若为泥土地面，可用推土机或各种铲土工具将污染泥土铲去4～8厘米；若地面上有雪，将污染的雪层铲除4～20厘米，然后将铲除的土或雪就地深埋。深埋时要注意不要污染水源或食物，要做好标记，以防他人挖开，受到感染。

通风换气法

敌人施放生物战剂气溶胶以后，在室外的微生物经过数小时至两天的挣扎，大都会死亡；未死的微生物，也大多沉降在物体表面上，即使悬浮在空气中，数量也很少，危害性也就大大削弱了。但是，那些在室内的气溶胶微生物，却可躲藏在阴暗角落里或物体的缝隙里，太阳晒不到，雨淋不到，苟延残喘更多时日。这些微生物，会因风吹、扫地或人的走动等原因重新飘浮在空气中，危害人的健康。这时，我们可将有微生物毒害的房间的门窗打开，让室外新鲜空气进入室内，将室内较污浊的空气连同室内战剂微生物赶出室外，这样就可以大大减少战剂气溶胶的危害。

室内外换气的效果，与室内外温差、气流速度、窗户的大小、部位、方向和风向都有关系。若打开两个对面窗，造成过堂风，效果就较好。在一个容积为 80 立方米的房间，当无风、室内外温差为 20℃时，开窗 9 分钟可换气一次；而室内外温差为 15℃时，要 11 分钟；温差小又无风时，一般需 1 ~2 小时以上。通风不良的房间，所需用的时间更长。

沉落在地上或物体表面上的微生物，一般都附着在灰尘上，所以要对室内来一次大扫除。扫除时应严禁用鸡毛掸掸灰、干扫帚扫地，也不要用干抹布抹桌，因为这样做会使本来沉降的微生物又重新飞扬起来，更易使人受害。扫除时应该先用水喷湿后再抹、再拖，或直接用湿抹布抹，湿拖把拖。对抹后的污水还要加 10% 漂白粉或 5% 三合二消毒 2 小时。如果没有药物，可将污水倒入粪坑，不使污水污染食物和水源。

棒打网捕法

对敌人投放不会飞的昆虫和鼠类，或飞的能力不强又比较集中的生物，可用树枝或扫帚等扑打，打死后连同树枝和扫帚等扑打工具一齐投入火中烧毁或掩埋。

对敌人投放会飞的昆虫，可用网兜捕。如果用双层网兜，效果更好。这种网兜可用纱布或旧布做成，口径约 30 厘米，内网短，长约 25 厘米，网底开一口径约 4 厘米的小口。捕时用网口对着飞着的昆虫兜捕，昆虫即由内网的小口进入外网，不能逃出。当网内昆虫较多时，可在网内将昆虫打死后倒出烧毁，或用长柄火把追烧，或用蘸浆糊的扇形工具粘捕，然后将击落或捕获的昆虫集中起来，与工具一起烧毁；对投在雪地上的昆虫，亦可与雪混置铁桶内煮沸，然后挖坑掩埋。

在捕打时应注意个人防护，如戴口罩、帽子、穿长袖衣、长裤及鞋袜，并将领口、袖口、裤口扎紧，不得用手接触口、鼻，不准吸烟或吃东西。捕后要彻底洗手、洗澡和换衣，防止受感染。

使用封锁包围措施

当我们怀疑受到生物武器攻击时，应立即保护现场，限制人员进出污染区，以免扩散，并要立即组织人员对现场及有关人员进行观察、调查、采集标本等工作，及时判断是否受到生物战剂的攻击，受到什么战剂的攻击，受到攻击的范围和程度等。

当已确证受到生物战剂攻击时，就要根据作战情况及战剂种类，请示部队领导，报告地方政府，通知友邻部队，共同商讨对策。情况严重时，应立即采取封锁的措施。封锁的范围应根据污染范围及程度和当时具体情况来确定。

所谓“封锁”，就是在封锁区的出入口设警戒的哨卡，限制人员出入。必须进出的人员与车辆，应经领导批准，并进行登记进入时应作好防护工作，出来时应进行洗澡、换衣、消毒和灭虫等卫生处理工作，以免将生物战剂带往别处。

封锁后应组织人力搜寻敌投物及其污染物，因地制宜地使用各种办法彻底消毒，必要时广泛开展杀虫灭鼠工作。灭鼠的同时，应紧密伴随灭蚤工作，以免鼠死后疫蚤跳离鼠尸，广泛扩散。

在封锁区域内，要特别注意检查食物和水源。如果食物已经污染，有包装的食物可用2%～10%漂白粉或1%～5%三合二液、0.2克过氧乙酸，擦拭表面2～3次，放置1小时后，再去掉包装食用。无包装的食物可除去污染表层的3～5厘米，并煮沸0.5～1小时后食用。对污染较轻的少量水，应煮沸半小时；大量污染严重的水，应按每升水加漂白粉0.2克消毒8小时后，再加硫代硫酸钠0.1克后，才可饮用。

对病人应严格隔离，尽量安置在较偏僻的地方，最好用单独一幢远隔其他住房的房屋作为暂时隔离室。限制病人与他人接触，并加强消毒，积极治疗，直至症状消失，不再排出病原体为止。出院后仍要继续观察一段时间，如有复发，立即隔离治疗。解除隔离后，应对病人所住的房间进行彻底消毒。有时敌人施放的气溶胶有可能弥漫在几十里甚至几百里的范围内，在这样广大的范围内，靠我们主动出击，迅速消灭有害微生物是不容易的。只要用这种封锁的办法，严禁人员进入，封锁2~7天后就行了。各种气溶胶微生物用不着我们亲自一一去消灭，靠日晒露湿，风吹雨打，最后必然死亡，人再进入这些地区就较安全。如果封锁区内的病人都已隔离，并对敌投物及污染物都经过彻底消毒以及必要的杀虫灭鼠工作，再经过病菌一个最长潜伏期（例如鼠疫为9天、霍乱为5天）没有发现新的病人后，就可报请批准封锁的主管部门解除封锁。

消除生物战帮凶

敌人投放的战剂微生物，常常是看不见摸不着就偷偷地钻入人或动物体内，并在人或动物体内繁殖。有的人或动物因此可能患病，也有的人或动物体内虽有有害微生物，却平安无事或仅有轻度不适，几乎可以说是没有患病。这些未发病者体内聚集的战剂微生物的子子孙孙，随时都可能从口、鼻、肛门、尿道或皮肤等各个渠道跑出来，再去毒害其他人或动物。所以，对这些微生物决不可放松，必须彻底追歼，做到斩草除根，不留后患。

要彻底追歼，不仅要对病人进行隔离治疗，还要对那些可能受到感染而尚未发病的人员进行观察，每日询问有无病状，定期测量体温，并作必要的体检，以便早日发现病情，及时进行治疗。这种趁细菌繁殖不多，尚未扩散的时候，就给予致命打击的做法，可以收到事半功倍的效果。对诊断不明的病人，可在肌肉注射青霉素100万单位，每6小时一次，并肌注链霉素1克，12小时一次。24小时后如病情恶化，可加服四环素或主霉素0.5克，每6小时一次。若病人对青霉素过敏，可改服四环素、金霉素或长效磺胺。

这种在发病以前，将侵入人体内的战剂微生物彻底消灭的办法，可减少它对人产生的危害。

彻底追歼，对瘟神的帮凶也不可轻饶。老鼠、蚊子、苍蝇和臭虫是生物战的重要帮凶，我们要消灭生物战，决不可饶过这些帮凶，否则就会遗患无穷。

有人说老鼠是人类最坏的敌人，这话一点不假。据统计，经老鼠传给人类的传染病不下20多种，如鼠疫、黑热病、流行性出血热等都以老鼠为传染源。不除掉这个帮凶，终究是个祸根。

蚊子也是传染病很有名的帮凶。据专家估计，现在世界上患疟疾和丝虫病的人，大约还各有2亿。疟原虫和丝虫都要经过在蚊体内发育的阶段才能继续生长和繁殖。没有蚊子，疟原虫和丝虫就活不下去。在我国还有一种很多见的传染病叫乙型脑炎，也是蚊子传播的。这种病的病情凶险，造成的危害也是很大的。如果消灭了这个帮凶，这些病就会基本上消灭。

苍蝇又脏又馋，令人非常讨厌。古人说它是“生从污秽忽雄飞，鼓翅接唇觅己肥”的坏家伙。有人观察过，一只苍蝇身体表面带的细菌有600万个，肠子里面带有2800万个，如果是从脏地方捕来的苍蝇，所带的细菌可以多到5亿个。有人做过计算，从苍蝇身体上发现过的病原体多到41种。苍蝇的嘴巴只能舔吸，它吃干的食物要先吐出口水，把食物搅稀了再吸进肚里，而且边吃边拉大便，在被它吃过的食品上，往往留下很严重的污染。它是肠道传染病的重要帮凶，无论是由细菌、病毒，还是寄生虫引起的肠道传染病，它都能传播。常见的伤寒、霍乱等生物战剂的传播，它都扮演着重要的角色。

在四害中，臭虫是个吸血鬼，通常1~2天就要吸一次血，一次要吸15分钟才能饱，吸的血量可以达到它自己体重的2倍。它也很狡猾，吸血时稍遇惊动就躲藏起来，等一下又悄悄地跑来再叮一口，不吸饱不罢休。臭虫吸血活动的时间多在半夜以后，每次吸血都要先注入一点唾液，防止血液凝固，而后再吸。由于唾液的刺激产生难忍的奇痒，多数人被叮咬处的皮肤还会鼓起一个小肿块，常常抓破皮肤而感染生物战剂。

虱子也是瘟神的帮凶。虱子是人的体外寄生虫，是流行性斑疹伤寒和回归热唯一的传播者。对付生物战的帮凶应和对付战场上的敌人一样，需要彻底歼灭，消除祸根。

化学武器概述

什么是化学武器

化学武器是以毒剂的毒害作用杀伤有生力量的各种武器、器材的总称，是一种大规模杀伤性武器。

化学武器是在第一次世界大战期间逐步形成具有重要军事意义的制式武器的。它包括装备各军种、兵种的装有毒剂的化学炮弹、航空炸弹、火箭弹、导弹、枪榴弹、地雷、布毒车、毒烟罐、航空布洒器和气溶胶发生器，以及装有毒剂前体的二元化学弹药。化学武器可灵活机动地实施远距离、大纵深和大规模的化学袭击。

化学武器能通过空气传播，通过皮肤渗透，使人在不知不觉中中毒，多少给人一种神秘的感觉。这种武器的种类很多，有化学炮弹、航空化学炸弹、毒烟罐、化学地雷、布毒车、航空布洒器和气溶胶发生器等等。

化学武器真正起作用的是毒剂。据统计，地球上天然的和人工合成的有毒物质共有数十万种。但并不是所有有毒物质都能称为毒剂，它必须能在战场上大规模使用，必须是有很强的毒性化学物质，而且最好能大量生产，因此条件很苛刻。第一次世界大战以来，作为毒剂使用过的有毒物质共有 70 多种，其中大部分已被淘汰。目前世界上一些国家作为化学武器装备的毒剂有十几种。

毒剂按毒理作用机理可以分为六大类：

（1）神经性毒剂。这类毒剂具有极强的毒性，是目前装备的毒剂中毒性最大的一类，它是通过阻隔人体生命至关重要的酶来破坏人体神经系统正常功能而致人于死地的。人一旦吸入或沾染这类毒剂，就会中毒，并出现肌肉痉挛，全身抽搐，瞳孔缩小至针尖状等明显症状，直至最后死亡。当前，神经性毒剂主要是指分子中含有磷元素的一类毒剂，所以也叫含磷毒剂。这类毒剂主要包括沙林、梭曼、VX等。

（2）全身中毒性毒剂。它也叫血液毒剂，是以破坏组织细胞氧化功能，引起全身组织缺氧为手段的毒剂，如氢氰酸、氯化氰等。它能使人全身同时发生中毒现象，出现皮肤红肿、口舌麻木、头痛头晕、呼吸困难、瞳孔散大、四肢抽搐，中毒严重时可立即引起死亡。这类毒剂毒性很大，它能在15分钟内使人中毒致死，但在空气中消散得很快。

（3）窒息性毒剂。这是一类伤害肺，引起肺水肿的毒剂。人主要通过吸入而引起中毒，中毒者逐渐出现咳嗽、呼吸困难、皮肤从青紫发展到苍白、吐出粉红色泡沫样痰等症状，这类毒剂毒性较小，但中毒严重时仍可引起死亡，通常它在空气中滞留时间很短，属于这一类毒剂的有氯气、光气等。

（4）糜烂性毒剂。它通过呼吸道和外露皮肤侵入人体，破坏肌体组织细胞，使皮肤糜烂坏死的一类毒剂，包括芥子气和路易氏气。这类毒剂会使人出现皮肤红肿、起大泡、溃烂，一般不引起人员死亡，但当呼吸道中毒或皮肤大量吸收造成严重全身中毒时，也可引起死亡。

（5）刺激性毒剂。这类毒剂主要作用是刺激眼、鼻、咽喉和上呼吸道粘膜或皮肤，使人员强烈地流泪、咳嗽、打喷嚏及疼痛，从而失去正常反应能力。它可分为催泪性和喷嚏性两种，属于这类毒剂的主要有苯氯乙酮、亚当氏气、CS和CR等。刺激性毒剂是最早出现的一类毒剂，在战争中曾被广泛使用，但由于毒性小，目前许多国家已不再将其列入毒剂类。它常用于特种部队的攻击行动，或装备警察部队用做抗暴剂。

（6）失能性毒剂。它也叫“心理化学武器”，是造成思维和行动功能障碍，使受袭者暂时失去战斗力的一类毒剂。它能使一个正常人在一定时间内神经失常或陷入昏睡状态。这种毒剂经常被用于特种部队的奇袭行动。

散布时通常呈烟雾状，可立即生效，并且在短时间内失效，对人体不构成生理损伤，因此国外也称之为“人道武器”。其实它与武侠小说中的“蒙汗药”、“夜来香”一类的毒药相似。目前，这类毒剂中最主要的就是BZ。

除上述几类列装的毒剂外，还有植物杀伤剂。它是一类能造成植物脱叶、枯萎或生长反常而导致损伤和死亡的化合物。它包括除草剂、脱叶剂，在农业上则统称为除莠剂。在军事上的主要用途是使植被落叶枯萎，扫除视觉障碍，配合丛林反游击作战；或者袭击敌后方重要的农作物基地，造成该地农作物大面积减产或无收成，破坏其后勤供应等。美军在越南战争期间曾大量使用了植物杀伤剂。

光有毒剂还不能成为化学武器，要使它具有大规模杀伤敌人的本领，还必须将毒剂分散开，呈战斗状态，这就要靠专门的分散毒剂的系统，只有两者结合才能成为完整的武器。如将毒剂装填在炮弹、火箭弹、炸弹、导弹、地雷、手榴弹中通过爆炸方式来施放，这时，这些武器就叫化学武器。由于分散系统种类各异，化学武器也就五花八门，除了上述提到的，其他还有通过飞机布撒的航空布洒器，用加热将毒剂蒸发到大气中的毒烟罐、毒烟手榴弹，布洒固体粉末毒剂的毒剂发生器、毒烟桶等。

化学武器的分类

按毒剂的分散方式，化学武器可分为：爆炸分散型、热分散型和布撒型。

（1）爆炸分散型，通常由弹体、毒剂、炸药、爆管和引信组成，借助炸药爆炸的力量，把毒剂分散成气雾状和液滴状。

（2）热分散型，通常以烟火型、火药的化学反应产生的热源或高速热气流、将毒剂蒸发或升华，形成气溶胶。

（3）布洒型，通常由毒剂容器和火药或压缩空气压源装置等组成。

军用毒剂是化学武器的基本组成部分，按毒理作用分为6类：神经性毒剂、糜烂性毒剂、窒息性毒剂、全身中毒性毒剂、刺激性毒剂、失能性毒剂。

化学武器的特点

形形色色的毒剂，种类繁多的分散系统，使化学武器具备其他常规武器所无法替代的杀伤破坏作用。化学武器使用后，可通过呼吸道吸入染毒空气，通过皮肤接触毒剂液滴，可能误食染毒的水或食物，还可能通过弹片杀伤侵入伤口等多种途径使人中毒。最重要的是它具有空间的流动性，毒剂云团会扩散和随风传播，它不同于常规武器，杀伤作用只限于弹丸或弹片飞行的轨迹上，它是一个“无形杀手”，毒云所到之处都具有杀伤效果。一般的堑壕掩体、坑道、工事可以挡枪弹，却不能防毒，因此化学武器的杀伤威力比常规武器更大。如与同口径的炮弹相比，对人员的杀伤作用，化学炮弹要比普通炮弹大几倍甚至十几倍。化学武器还具有一定的持续性，常规武器通常只能是飞行或爆炸瞬间起作用，而化学武器使地面、空气或武器装备染毒后，其杀伤作用会延续一定时间，少则几分种，多则几天以上，使人防不胜防。

根据持续时间的长短，选择不同种类的化学武器还可以完成不同的战争战役目的，如想用军队占领对方的机场、港口、重要的交通枢纽，或者想为己方进攻扫平道路，就可以选择沙林、氢氰酸、光气等暂时性毒剂，这些毒剂杀伤作用只持续几分钟到十几分钟，它只杀死对方的守卫人员而对已方占领丝毫不受影响；如想迟滞对方行动，或者想稳固己方的防御，就可以使用VX、芥子气等持久性毒剂，这些毒剂可持续几个小时至几天起作用；如想扰乱敌人的行动可使用刺激性毒剂。因此化学武器又具较大的选择性。

由于化学武器具有这些独特的杀伤破坏作用，因此，在战争中，化学武器经常被使用，以达成“兵不血刃”而夺城拔寨、克敌制胜的目的。而化学武器正是在不断的被使用中才得以发展和完善。

与常规武器相比，化学武器的特点是：

（1）中毒途径多。毒气可呈气、烟、雾、液态使用，通过呼吸道吸入、皮肤渗透、误食染毒食品等多种途径使人员中毒。

（2）杀伤范围广。染毒空气无孔不入，所经过之处都有杀伤效果。

（3）作用时间长。液体毒剂污染地面和物品，毒害作用可持续几小时至几天，有的甚至达数周。

（4）制约因素多。化学武器虽然是大规模杀伤武器，但天气和地形地物对毒剂的杀伤效果都有影响。

同核武器相比，化学武器造价低，来源方便。比如以1平方千米面积内杀伤人畜计算，常规武器需2000美元，核武器需800美元，化学武器仅需600美元；但恶劣气候条件和不同地形地物都会影响或限制某些化学武器的使用。

我国是化学武器的受害国，历来反对使用化学武器，于1929年8月7日宣布批准了《日内瓦议定书》（1925年），并于1953年7月13日重申承认该议定书。1993年1月13日我国在《禁止化学武器公约》上签了字。

化学武器史料

人类在生产斗争和战争中应用有毒的化学物质，由来已久。史书多有记载。现代战争中，使用化学武器开始于第一次世界大战。

1915年4月22日18时，德军借助有利的风向风速，将180吨氯气释放在比利时伊伯尔东南的法军阵地。法军惊慌失措，纷纷倒地，15000人中毒，5000人死亡。伊伯尔之役后，交战双方先后研制和使用了化学武器。

第一次世界大战中，化学武器造成了127.9万人伤亡，其中死亡人数9.1万人，约占整个战争伤亡人数的4.6%。日军侵华战争期间，曾多次对我抗日军民使用毒气。1961～1970年，美军先后在越南南方44个省，使用化学武器达700多次，中毒军民达153.6万人。

化学武器的由来与兴起

化学武器的由来

万能、慷慨的大自然赐予人类以智慧，这使人类接受了无数文明进步的启蒙，创造了灿烂的文化，人类得以延续和发展。但与此同时，人类也接受了许多邪恶的启蒙，制造战争，互相残杀，使人类自身处于毁灭的边缘。

武器是战争必不可少的工具，战争在发展，杀人的武器也在不断演变。曾几何时，在纷繁复杂的武器家族中诞生了一种随风而动、杀人无形的“毒魔”，这就是化学武器。

化学武器是利用各种毒剂对人员及其他生物不同的毒害作用，进行大规模杀伤的武器。说白了就是以毒攻敌。其实在古代战争中早已有之，人类应用有毒物质由来已久。

人类使用有毒物质最初是为了谋生，早在数千年前，人类用燃烧未干的木材、湿草所产生的浓烟攻击野兽，依靠浓烟的刺激作用，将逃避于深穴岩洞中的野兽熏出，然后猎取为食。后来，人们则将这种烟攻野兽的办法，用于两军争战之中。

在我国远古时代，为争夺中原大地，曾展开过一场文明与野蛮的大较量。象征文明的南方炎、黄部落联盟与代表野蛮的北方的蚩犬部落经过连年征战，最后在涿鹿之野进行了轰轰烈烈的大决战，正当双方撕杀得难解难分，蚩尤布起漫天大雾，黄帝的军士尽皆为之所迷，顿时阵脚大乱，伤亡惨重，后幸黄帝坐指南车指明方位，才挽回败局。这也许是人类有史记载以来最早的“毒气战”。

公元前559年，晋、齐、鲁、宋等13国组成声势浩大的联合军团，共同讨伐秦国，并连克秦军。为扭转不利态势，秦军在径河上游投放毒药，污染水源，致使晋、鲁等国军队因饮用河水而造成大量人马中毒，被迫退兵。

又如在公元225年，诸葛亮率领蜀军南征，七纵七擒，彻底降服南方部落首领孟获，取得重大胜利。其中在二擒孟获横渡金沙江过程中，军士见水浅，队竹筏上跳入水中，结果纷纷倒下，口鼻出血而死。后找当地人询问，乃知是由于原始森林落叶腐烂，加上云南五六月份高温潮湿蒸发出瘴气，江水受到严重污染所致。对方也就是利用这种自然条件作为防御敌人之用。

为了增加毒物的杀伤威力，公元1000年，有个叫唐福的，把他所制的毒药烟球献给朝廷。毒药烟球有点像雏形的毒剂弹，球内装砒霜、巴豆之类毒物，燃烧后烟雾弥漫，能使敌人中毒，削弱战斗力。宋初《武经总要》里，不仅描述了这种武器，而且还记下了当时的配方——

火药成分：焰硝30两、硫磺15两、木炭5两；

其他成分：巴豆、砒霜、狼毒、桐油、沥青、黄蜡、竹茹等10种。

到了金辽的时候，为了攻击高墙坚垒后的敌人，又有人想出用铁罐装上有毒燃料点燃后投掷敌方的方法，迫使守军就范。

在国外，大约是公元前600年的古希腊，斯巴达人在与雅典人的战争中首创了“希腊火”。如在公元前431～前404年，他们在派娄邦尼亚的战役中，把掺杂硫磺和蘸沥青的木片，在雅典人所占的普拉塔与戴莱两城下燃烧，强烈的带有刺激味的有毒烟雾飘向城内，使守军深受其苦，但又无计可施。

公元前428年，在攻击泼拉堆城时，他们使用同样的方法，在城墙外面，顺着风向的一方，堆了像城墙一样高的巨大的树枝堆，浇了许多沥青和硫磺，点燃焚烧。猛烈的火焰、浓烟和窒息的气体，吹入城内，城内守军惊慌失措，人心大乱。不料风向突然转变，雷雨交加，斯巴达人攻击不成，只好撤退，泼拉堆城因而得救。4年以后，斯巴达人卷土重来，还是用同一种方法，在顺风时把浓烟吹出，结果大获全胜，把雅典人驱逐出城，并且占领了这个地方。这是“吹放法”使用毒气的最早记载。

公元660年，东罗马帝国对“希腊火”加以改良，用石油、沥青、树脂和硫磺配制成易燃性液体，用这种液体浸渍树枝或麻絮，装入金属制桶内投出，或从管子里喷射出来。战斗时，把这种装有液体的金属器具点燃后，用投石机投入敌人之中，造成漫延燃烧，产生窒息作用，削弱敌人的力量，东罗马帝国靠这种武器曾屡次击退战教军队的侵犯。一直到十字军东征时，这种武器仍具有强大的威力。后来此种战法逐渐传入西方各地。400年后，撒拉层人曾在埃及用此法对付圣路易的士兵。此外，在美国南北战争也采用过此法。16世纪末，法国皇太子妃的异教徒审问官，曾用窒息的烟对付优更诺教徒的窑洞。

16世纪以后，人们开始有意识地研制这种兵不血刃而能克敌制胜的有毒烟雾，使之不断规范化，成为部队在战场上经常使用的真正的武器。大约在1570年，奥地利骑士法伊德·维尔福·冯森夫腾贝格建议，把砷烟弹用于对土耳其人的战斗。这种弹投入敌人军营后，燃烧时产生的砷蒸气，可使军营中的敌人中毒。

1600年前后，在著名的医生、自然科学家菲阿拉谨梯所著的《秘方节略》一书中，记载着一种由硫磺、松节油、人粪、人血等蒸馏而得的油，此油气味很强烈，若将其投入堡垒内，无人能在其中停留。

1654年，米兰人达梯罗，又发明一种类似毒烟云的火药，用它点燃后散布出可憎的烟及有害的恶臭，使遭袭者不能参加战斗，甚至死亡。法国工程师，曾在对克内他的战争中，把这种装料的手榴弹用于对付敌方地道，取得了特殊的效果。

1660年，在奥斯纳布吕克出版的一本关于炮兵的书中，印有过去称为“飞球”的纵火手榴弹的图样。这种手榴弹的装药是砷、锑和硫磺。著名医生、化学家和工艺学家格劳贝尔也设计过一种分室装填硝酸和松节油的炮弹，爆炸时放出对眼睛有强烈刺激的烟雾，把敌人“熏跑”。人类在这方面可以说进行了很多探索，但是由于当时科技水平的限制，不可能有根本性的突破。

古代利用毒物的另一种形式是毒箭。开始也主要用以捕猎野兽，后来逐渐被用于战争。《三国演义》中关云长刮骨疗毒的故事，就描述了毒箭在战争中的使用。三国时，蜀大将关羽攻打樊城，被守军魏将曹仁用毒箭射中右臂，毒液入骨，幸遇名医华佗，箭伤才愈。

毒箭的使用有许多优点，就是它便于携带、操作，受天气影响小，射程较远。但这种武器也有其局限性，一是能用于敷在箭头上的毒物来源十分有限，大多数是天然的毒物；二是毒物只能通过伤口进入机体，而且一次发射只能伤害一人。因此，其在战争中使用也很有限。

古代战争中应用毒物是一个逐步发展的历史过程。从开始时的熏烟加上毒物，到逐渐添加沥青乃至砷、硫磺等一些天然的有毒化学物质；从原地使用到逐渐向与火药混合投掷使用转变，一步步得以进化，但这些最多还只是化学武器的萌芽。化学武器真正出现是在第一次世界大战期间。1915年4月22日，德军首次在伊普雷地区创造了大规模使用毒气的先例，人类将永远记住这一天！

化合物向武器的转化

西方近代化学工业的迅速发展，生产出越来越多的有毒化工产品中间体，如后来应用于实战的氯气、光气等，特别是合成染料、化肥工业突飞猛进，为军事上使用提供了更多的可供选择的新型化学毒物，这极大地促进了毒剂的发展。早期使用的刺激性毒剂基本上来源于染料工业。而此时，人类历史上第一次世界规模的战争爆发了。这场为重新瓜分殖民地，争夺世界霸权的帝国主义战争，涉及30多个国家，交战双方动员了7000多万人。20世纪初的先进科学技术广泛应用于战争。化学武器作为一种全新的武器，也第一次出现在人类战争的舞台上。

化学武器的发展开始时带有某些偶然性。其最初的动力来自一些化学家，因为他们注意到，在他们的实验室里有许多化学物质具有一定的毒性作用，并感到能够利用这些作用为国家的战争效力。大概从1914年起，在欧洲的几个科学实验室里，化学家们都在力图把实验室的化合物转化为战争武器。

尽管那时已经发现一些化学物质具有很强的毒性，可以作为化学战剂使用，但武器的设计者们很快就意识到，要设计一种能对疏散在远离目标地区的敌人产生有效毒害浓度的武器，并不是一件轻而易举的事。投送战剂唯一现实的方法是污染敌方的环境，特别是其所呼吸的空气，希望有一些战剂最终能进入人体。而这样势必对战时的气象条件有很大的依赖性，特别是风向和风速，如果条件适宜，巨大的毒剂云团就能随风飘游，并扩散整个目标区；但是如果条件不适合，比如风大小，毒云就会滞留伤害自己，风太大，毒云就很快被吹散或稀释得不再对人有害。一般来说，一种武器系统在客观上对气象条件的依赖性越大，其使用的机会就越小。

第一次世界大战的爆发刺激了化学武器的发展，并最终促成了其在战争中大规模的使用。

1914年7月28日，奥、匈帝国对塞尔维亚宣战标志大战正式开始：在西线，8月14日，德军入侵比利时；8月21~25日，德军与法军在法、比、卢边界展开“边境交战”；9月5~9日，英、法联军与德军进行马恩河会战，迫使德军停止了进攻；9月16日~10月15日，双方展开了被称为“奔向大海”的遭遇作战；此后，又进行了佛兰德会战。双方经过3个多月大规模、互有胜负的激烈交战，在长达700千米的宽大正面上对峙起来，由运动战转为阵地战。在东线，德军与俄军进行了东普鲁士战役、加里西亚会战、华沙—伊万哥罗德战役和罗兹战役。东线战局同样使德军速胜的指望落了空，越来越清楚地呈现出转入阵地战的迹象。

在西线形成阵地战的主要原因是双方将大致相等兵力均匀分布在700千米的宽大正面上，平均兵力密度很小，每千米正面上只有一个炮兵中队。

在这种情况下，谁都不可能在某一地带建立强大的突击集团，组织决定性的会战。虽然双方都曾采取积极行动，试图突破对方各自的防御，但结果都是徒劳的。两军在对峙中有足够的时间加强各自的防御，在前沿前设置铁丝网、障碍物，构筑地下交通壕和混凝土工事，构筑多道阵地以形成完整的堑壕式的筑垒地域防御体系，以致当时的火炮和其他杀伤武器都难以摧毁这样坚固的防御体系，使防御变得比进攻更为有利。于是，交战双方都在寻找突破防御的新武器和新战法。

由于毒气具有空间流动性，可以进入堑壕、掩体、筑垒工事，驱赶和杀伤敌有生力量。所以，交战双方都开始把目光投向这种新式武器上。英国海军部重新考虑了托马斯·科奇兰海军上将关于二氧化硫云团进攻使用的建议，这已是从拿破仑战争以来的第二次考虑。在美国，一个有关氢氰酸炮弹的专利申请书也在准备之中。在法国，陆军军官们则在考虑巴黎警察部队已经用了3年的催泪性毒气武器战场使用的可能性。

在德国，由哈伯教授领导的一个科学小组也在进行光气和含砷毒剂的手榴弹装料的试验。但在战争的最初几个月内，技术还没有发展到能够有效地使用毒剂的程度。

科奇兰的建议经过很多修改之后终于被付诸实施，不过不是作为杀伤性毒气云，而是作为海上烟幕。法国在战场上使用催泪毒气手榴弹，是由一个应征入伍的巴黎警察发起的。他休假后返回前线时，带回了一些这样的手榴弹。由于有毒的化合物一般在预期的战斗中并没有起到明显的作用，在开始的战役中也没有占据什么地位，因此在一些国家开始遭到冷遇，而德国并没有丝毫懈怠。

1914年10月，德军在战场上试验性地使用了刺激性化学武器，从而揭开了第一次世界大战化学战的序幕。

早期的刺激剂武器

随着战争的发展，刺激剂成了吸引战场指挥官和总参谋部人员的最早的化学战剂。这些物质被认为能在某些战术条件下应用。它们能用来干扰阵地工事里的炮手和机枪射手的瞄准。法国人最先使用的装有溴乙酸乙酯的弹药筒，就可达到这一目的。它们也可用来把敌人从掩体里薰赶出来。

1914年冬，从前线回来的几个英国军官亲自询问了用恶臭炸弹清除掩蔽部里的人员的可能性。伦敦英国皇家学院的化学家们研究了这件事，并终于向英国远征军的指挥官们提供了另一种刺激剂——碘乙酸乙酯。但因为怕敌人同样使用它而被放弃。直到6个月后的第二次伊普雷战役结束时，英国人才重又考虑刺激剂的使用，而德国的化学家们比任何其他国家都更重视使用刺激剂的各种可能性，因而，他们进行了更为详尽的研究。

到1914年秋季，已发展了两种使用技术，这两种技术都是使用毒剂炮弹的。为什么都设计成毒剂炮弹？这与当时化学战发起人的观点有关，他们认为，化学战用现有的武器投掷系统即可进行。因此，最简便、最直接的方法就是将普通的炮弹、迫击炮弹或手榴弹的炸药部分换成了化学战剂。第一个用于战场的是德国的105毫米Ni—榴霰弹，这种弹是德国一个叫纳恩斯特的教授研制的，它由轻型野战榴弹炮的高爆炸药弹壳重新设计而成，在弹体内的弹丸之间装进了对上呼吸道有刺激作用，能引起喷嚏的联二茴香胺盐酸盐粉末。

1914年10月27日，德军首次向新夏佩勒法军第2军阵地发射了3000发这种榴弹。由于法军毫无防护准备，德军首次使用获得成功，乘机占领了新夏佩勒。Ni—榴霰弹的毒剂装填量很小，刺激作用也不强，很快被毒性大的刺激剂炮弹所取代。

榴霰弹

德国的第二种化学炮弹是根据塔彭博士提出的液体催泪剂配方研制而成的。塔彭博士是德国陆军元帅冯·马肯森参谋部一位将军的兄弟。这种以发明人姓氏命名为T—剂的配方，是一二甲苯、二溴二甲苯的混合物。将其装入铅制弹药筒内，以取代105毫米重型野战榴弹炮弹内2/3的高爆炸药。

剩余的高爆炸药被用来炸开弹壳和弹药筒，并把其中的装填物散布开来，战剂的挥发度将足以造成一个强烈刺激的蒸气浓度。德国人希望它能产生惊人的效果，但是1915年1月在东线的波莫里，当这种武器第一次用于对俄作战时，尽管发射炮弹达18000发之多，其结果并不理想，也许是由于天气太冷而限制了毒剂的蒸发所致。然而，这一武器并没有被放弃，经改良后终于使它在较好的天气下广泛地应用在欧洲两条主要战线上，这种设计还成为后来德国许多化学炮弹（包括刺激性与致死性的）的基础。在西部战线第一次使用T—剂炮弹是在1915年3月。大约与此同时，法国人也使用了自己的第一种化学炮弹。这种炮弹是由75毫米野炮榴霰弹临时改制的。在这种炮弹内，装的是另一种刺激剂——溴代乙酸乙酯。但是，后来由于法国合成该战剂的重要原料溴供应短缺，这一战剂以后被氯丙酮和其他更强的刺激剂取代。

这时，德国人已意识到，在敌人阵地上散布几发刺激剂炮弹，只能起到扰乱的作用，刺激剂的价值随着使用规模的加大而提高。要破坏敌军的物资供应线或显著降低对方的战斗力，就必须在广大地区上，长时间使用。正是由于这一原因，德军在波里莫使用了大量的T—剂炮弹。就像施瓦特将军所指出的："法国人用毒气手榴弹开始了毒气战，而德国人则首先认识到大规模效应的战术意义。"

简单而实用的化学武器——毒气钢瓶

阵地战的出现使交战双方处于暂时性的战略相持，而这种相持对德国极为不利，德国很快就几乎用完了战前储存的全部高爆炸药，而且，海岸的封锁还剥夺了德国用以制造高爆炸弹所必需的原料，首先是来自智利的硝酸盐。

此时，德国最高统帅部变得特别重视听取工业化学家的意见。毒气并不是炸药的代替物，而是突破稳定战线的一种可能方法：据壕固守的敌人对炮弹的破片杀伤武器是比较安全的，但容易受到空气中毒气的攻击。因此相应地做出了在战场上试用毒气攻击的决定。

最初的打算是像使用刺激性战剂那样，将毒剂装进炮弹里，但当时炮弹的产量很小，并且炮弹装载的毒剂量也很有限，德国最高统帅部对毒剂炮弹能否获得大面积的效果表示怀疑。这种怀疑随后被T—剂炮弹在波里莫的失败所证实。负责发展工作的哈伯教授建议，毒气可以从安放在前沿战壕的钢瓶中直接施放出去，依靠风力把毒气云团吹向敌人，如果风向合适，这种方法产生的毒气剂量比现有的炮兵武器高得多，同时还可以节省大量的军用炸药。选用的化学战剂是肺刺激剂——氯气，氯气是生产最简单的工业化学品之一，以当时德国的化工实力，完全可以大量生产，而协约国尽管也在生产，但生产规模特别是液态形式的生产规模相当小，因此没有能力进行同等报复。同时，氯气的物理特性很适合所选择的散布方法。它除了在低温下，一般力气态，现有的德国化学工业很容易使其液化，而当它从钢瓶中释放出来，几乎立即气化成低悬于地面的蒸气。因此，这一建议被采纳了。

到1915年1月，德国成功地进行了野外试验，购置了必要的器材，并且调派了适当的部队进行训练。通过对主导风向的研究，最高统帅部选择了最适合进行试验的前线：西线的伊普雷弧形地区。

当时德军上下对这个不起眼的钢瓶都心存疑虑，但伊普雷首次使用便大获成功，这使他们的疑虑顿时烟消云散，而且表现出从未有过的热情。在以后的战斗中。毒气钢瓶以其简单廉价便于大规模使用的特点，几乎达到每战必用的程度。直到1918年初以后，才逐渐为其他化学武器所取代。毒气钢瓶作为第一种大规模使用的化学武器而载入史册。

“现代化学战之父”——弗里茨·哈伯

翻开20世纪的史书，你会发现一个响亮的名字——弗里茨·哈伯。这是一个毁誉参半的人物。作为一个化学家，一个科学天才，首先人工合成了化肥，使粮食大幅度增产，为人类摆脱饥饿的困挠作出了杰出的贡献，因而荣获1918年诺贝尔化学奖；同时，作为战争魔鬼，首创了大规模化学战，成为现代化学战之父，使成千上万的人痛苦地死去或终身致残，严重地摧残人类文明，而几乎受到盟国的审判。

弗里茨·哈伯，1368年12月9日出生在德国边陲城市布雷斯劳一个犹太富商家中。当时，德国的化学工业已遥遥领先于世界水平，尤其是商用合成染料的大力发展，已使德国拥有染料3500多种，成为世界上名副其实的染料之乡。中学毕业后，他曾在卡尔斯鲁厄工业大学预科攻读有机化学。大学毕业后，由于所发表的论文见解独到，德国化学界为之轰动，德国皇家工业科学院破格授予他化学博士学位，当时他年仅23岁。1894年起，哈伯在卡尔斯鲁厄工业大学任教。

在合成氨发明之前，农作物所需要的氨肥主要来自粪便、花生饼、豆饼等。随着农业和工业的发展，各国越来越迫切需要建立规模巨大的生产氮化合物的工业。为此，许多科学家曾进行过不懈的探索和研究，150年过去了，仍然没能实现这个愿望。

1906年，哈伯使用锇催化剂在20.3兆帕、600℃高温下，获得了浓度为8%的氨，这无疑是一个具有历史意义的突破。哈伯的科研成果极大地震动了欧洲化学界，独具慧眼的德国巴登苯胺纯碱公司捷足先登，抢先付给哈伯2500美元预订费，并答应购买以后的全部研究成果。1909年，哈伯的改进生产流程专利权被巴登公司买到，并声明，不管生产工艺如何改进，合成氨的售价如何下降，巴登公司每售出1吨氨，哈伯将分享10马克，其收入永不改变。巴登公司于1911年正式建造世界上第一座合成氨工厂，1913年9月开始投入生产，很快达到日产30万吨的设计水平。由于这一卓越贡献，哈伯于1919年获得了1918年度的诺贝尔化学奖。从此，他跻身于世界著名化学家的行列。

1911年，正当哈伯因发明合成氨而名声大振、成为德国乃至全世界崇拜的英雄的时候，德国皇帝威廉二世看中了他的才华，考虑着如何利用他为自己的政权效力。

1914年，第一次世界大战全面爆发，欧洲的科学家都不同程度地卷入了战争，哈伯也很快变成了一个狂热的民族主义者。他利用他的合成氨技术，生产了化肥，从而解决了德国的饥荒问题；他利用氨的氧化，生产了军需上不可缺少的硝铵和黄色炸药，解决了德军的军火问题。正如战后有些军事家指出的那样：如果德国没有哈伯，战争恐怕早就结束了，因为哈伯给德国提供了粮食，提供了军火。

1914年秋，在德军最高统帅部的一次会议上，德国最大的化学工业联合企业法本公司的巨头卡尔·杜伊斯贝极力主张进行化学战，他亲自研究可用于战争的各种毒剂的毒性。而当时已是柏林威廉学院院长、法本公司的化学家弗里茨·哈伯与几位教授则早就开始在实验室里夜以继日地工作，寻找适用的毒剂和施放方法。经过几个月的研究、实验，1915 年 1 月，哈伯向参谋总部提出了一条灭绝人性的建议：大量使用氯气钢瓶，借助风力把毒剂云团吹向敌方，用以大量杀伤而不是骚扰敌人。氯气是一种强烈的窒息性气体，空气中有 0.3/10000 的氯气就足以使人咳嗽不止，1/1000 浓度的氯气即可使人丧命。它易于以液态形式存放在钢瓶中，一旦遇到空气就气化成低悬的烟雾，凭借有利的风势就可以飘到敌方阵地中去。而此时，法本公司储存有大量的氯气，并有日产 40 吨以上的生产能力。

德军统帅部采纳了哈伯的建议，1915 年春，德军战争部增设了一个秘密机构，由哈伯任局长，并成立了一个专门进行氯气袭击的试验研究室。随后，德军在科隆附近的一个训练场进行了用钢瓶吹放氯气云团对羊群杀伤作用的试验，并取得成功。同时将其第 35 工兵联队（团）改编为“毒气施放团”，这是德军，也是世界上第一支毒气部队，一个新的兵种出现了。

1915 年 4 月，德国将大量液氯钢瓶调往西线准备用于实战。由于“毒气施放团”刚刚临时组建，虽然配备了专业化学人员、气象人员和器材技术人员，但大多数并不知道他们要干什么，为确保施放效果，哈伯亲临伊普雷前线进行指导。毒气施放当天，哈伯坐在飞机里俯视着整个战场，看着毒气滚过联军的一道道阵地，他兴奋地大声喊叫着。首次大规模化学战取得了巨大的成功。

战争期间，哈伯的妻子出于人道主义及对帝国主义战争的无比愤恨，曾多次恳求他停止研制化学武器，但哈伯不予理睬。1915 年 5 月，他继续在华沙西侧的博利矛夫附近，对防护装备很差的俄军连续发动了 3 次毒气袭击，使 2500 名俄军士兵伤亡。与此同时，他的爱妻克拉拉·哈伯愤而自杀。

1915 年 12 月 9 日，哈伯指挥德军对比利时伊普雷地区的英军进行了首次光气化学战，造成英军 1000 余人中毒；1917 年，又指导德军在伊普雷战役中第三次对英军使用化学战，使 1.4 万人中毒。整个战争期间，德军几乎每次主要的化学战都与哈伯的指导、研制有关，所以，人们一直把他称为“化学战之父”。

在第一次世界大战中，将近有 130 万人受到化学伤害，其中 9 万人死亡；另外，在化学战后的幸存者中，大约 60% 的人员因伤残不得不离开军队。所以，哈伯及其进行的化学战，受到了世界爱好和平的科学家和各国人民的强烈谴责。哈伯终于意识到他所犯下的罪恶，内心十分痛苦。

1917 年，他毅然辞去了他在化学兵工厂的所有职务，一年后，战争以德国的失败而宣告结束。

1919 年，瑞典科学院考虑到哈伯发明的合成氨已在全球的经济发展中显示出巨大的作用，经过慎重研究，正式决定颁发给哈伯 1918 年度唯一的化学奖。但消息传出，立即在全世界引起一场轩然大波。有的科学家指出这一决定玷污了科学界，哈伯不仅没有资格获得这一最高荣誉，而且应该下地狱。也有一部分科学家认为，哈伯虽然一度为帝国主义所利用，但科学是受制于政治的，科学史上许多发明，都既可用来造福人类又可用来毁灭文明，哈伯发明合成氨，是可以将功抵过的。

1933 年，希特勒登上了德国总统的宝座。纳粹分子开始在全国大肆迫害、屠杀犹太人。哈伯也被称为“犹太人哈伯”遭到驱逐。哈伯十分气愤，同时也预感到一场厄运即将来临。他先移居瑞士，后受英国剑桥大学邀请，渡海前去讲学。

1934 年初，他应邀出任设在巴勒斯但由反希特勒的著名犹太科学家组成的西夫物理化学研究所所长，赴任途中因心脏病突发，于 1934 年 1 月 29 日与世长辞。哈伯在颠沛流离与孤独之中结束了自己的晚年，终年 66 岁。

化学武器初露锋芒

黄绿色“幽灵”飘过伊普雷上空，德军只用一个小时就攻破了盟军曾坚守数月的防线……

伊普雷位于比利时西南部，靠近法国边境，距北海岸 40 千米。1914 年 10 月至 12 月，德军与英法联军在伊普雷弧形地带经过多次交战，反复争夺后，双方掘战壕防守，对峙达数月之久。双方都感到缺乏重炮等压制火器以及摧毁野战筑城工事的兵器。

为了改变这种僵持态势，德军最高统帅部根据著名化学家哈伯教授的建议，使用工厂中大量库存的液氯作为突破防御工事和夺取敌阵地的手段。经统帅部批准，决定在西线用钢瓶吹放氯气，进行化学袭击，地点选在伊普雷附近的毕克斯休特与郎格马克之间的英法联军阵地。受命执行此任务的是工兵35联队，指挥官是培特逊。德军从国内调来大钢瓶6000只，小钢瓶24000只，于1915年4月5日开始布设，每20只为一列，每千米阵地正面上有50列。在德军阵地前8千米宽的正面上，共使用5730只钢瓶，装有180吨氯气。4月12日前攻击准备一切就绪，等待着适宜的风向。

在这一时间里，英法联军已经得到德军即将使用毒剂的情报，但没有引起重视，所以没有采取必要的防范措施。

早在一个月前，法军从俘虏口供中得知德军准备了毒气筒，这一情报在法国第10军新闻简报也登载了，它还为空中侦察所证实。4月13日，一名德军叛逃者向朗格马克的法军第11旅提出了强烈警告：装有窒息性毒剂的管子已经放在前沿阵地，每40米有20管，操作者都配发防毒口罩。这一情报也刊登在发至营级的第5集团军情报摘要上。

此外，比利时陆军新闻简报刊登了从德军战线后方回来的比利时情报人员的揭露：德军在根恃发出命令，要求准备20000具防毒面具。报道中还明确指出了德军进攻的地点。4月17日德国在广播中反诬蔑英国人于16日在伊普雷地区以东使用了窒息性毒剂炮弹。此间，德军埋好后的毒剂钢瓶也曾被法军炮火炸毁一些，但协约国方面却忽视这些情报，除向下级作一般性的传达外，没有采取任何积极措施，使德军使用毒剂达到了突然效果。

恶魔的幽灵已在伊普雷上空徘徊，它在寻找机会。

机会终于来了！

1915年4月22日午后，2~3米/秒的北风出现了，17时20分，德军统帅部下达了攻击命令时间："18时——死亡的钟点。"而此时的英法联军仍然像平常一样坚守着阵地，并没有丝毫戒备，他们根本没有意识到一场灭顶之灾就要降临，还认为徐徐吹来的清风对他们是个好兆头。

当时针指向攻击时间时，随着三支红色火箭划破长空，数千名德军几乎同时打开了氯气钢瓶。"恶魔"终于挣脱了束缚，刹时，一人多高的黄绿色烟云如幽灵般铺天盖地滚滚而来，顷刻间就将英军和法军的阵地吞噬了。“恶魔”无孔不入，就连掩体、掩蔽部和各种工事内的人员也难以幸免。在毒气攻击的同时，德军为了加强效果，还在阵地侧面，用105毫米口径的火炮，发射催泪弹。

毫无防备的英、法守军，顿时乱作一团，他们疼、窒息、尖叫、昏迷。处于正对面阵地防守的是刚刚与法军第20军换班的法国义勇军17个连和第45师的两个阿尔及利亚营。这些部队毫无战斗经验，更是惊惶失措。据当时一位目击者说：“当第一阵浓烟笼罩整个地面，人们闷得喘不过气来，拼命挣扎时，最初的感觉是吃惊，随之便是恐惧，最后军队中一片混乱。还能行动的人拔腿逃跑，试图跑在径直向他们追来的氯气前面，但多数人是徒劳的。”

毒气袭来，英法联军四处溃散。德军部队在毕克斯休特至郎格马克之间的6千米正面上戴着浸有药剂的纱布口罩，怀着恐惧的心情跟随毒剂云团，几乎没有遇到抵抗。1小时内就占领4千米纵深阵地，攻破了盟军曾坚守数月的防线。这是战争史上首次进行大规模化学攻击的著名“伊普雷毒气战”。这次毒袭，英、法联军共有15000人中毒，其中5000死亡，2410人被俘。德军缴获大炮60门，重机关枪70挺。德军方面，由于本身防护差，占领阵地又较迅速，故也有数千人中毒。

这一成功的化学武器攻击，使德军统帅部兴高采烈。从此，化学武器这个恶魔降临到人间。

继这次攻击之后，4月24日、25日，德军又对毗邻的加拿大军队进行了两次毒剂吹放攻击。4月26日及5月12日，德军在伊普雷方向再次发动进攻，使突破口向两翼略有扩大。

但直到战役结束，也未能将弧形战线拉平和攻占伊普雷。从4月22日到5月24日，德军共施放2万只钢瓶约500吨氯气。4月22日德军的氯气吹放攻击使协约国大为震惊，英法联军立即采取紧急措施。

遭袭后的第二第三天，法国和英国分别派出化学专家克林克、哈如登和霍尔丹教授到现场考察。他们根据中毒症状及获得德军的呼吸道防护器材得出结论，认为是氯气或溴中毒。25日，英军司令部通知部队：

“德军使用的是窒息性毒剂，判明为氯气或溴素与盐酸的混合物。使用浸有硫代硫酸钠与氢氧化钾或氢氧化钠溶液的纱布或绷带布制成的简单口罩置于口鼻，即可有效防护。”

实际上，23日起，英国医疗队就把许多盛有碳酸氢钠的水桶安置在堑壕内，供部队浸泡手帕或布块用。当听到毒气警报时，士兵就用浸湿的手帕或布块蒙在口鼻上进行防护。没有碳酸氢钠时，可使用其他吸收剂，甚至使用浸尿液的布包或装入瓶中的泥土。这些就是最早的防护方法。

4月28日，英国动员数以千计的妇女仿制德国的防毒口罩。开始制作的“黑纱口罩”，浸有硫代硫酸钠、碳酸钠和甘油的水溶液。6月间，又制出了250万个“海波头盔”。它是一个浸有浸滞液的法兰绒袋，配有透明的醋酸纤维眼镜，使用时，将它戴在头上并塞进衣领内。在当时，这是一种适用而可靠的防毒面具。

法军也于4月26日开始给部队配发防毒口罩，数日后增加了防毒眼镜，至8月底，法军制作了3种防毒口罩，共450万具。数以千计的氯气中毒伤员给医疗部门带来沉重的负担。靠近海滨的城市布洛涅挤满了中毒伤员。设在勒图盖的著名游乐场、防波堤头的娱乐宫都改成临时医院。那里“挤满了那么多伤员，几乎使人无法在其间移动。所有的床铺都睡了伤员，地板上已无空隙。所有其他医院也一样拥挤不堪……”。

德军在伊普雷的毒剂吹放攻击造成了极严重的后果，产生了巨大的影响，已经作为化学战的开端而载入战争史册。德军首次使用致死性毒剂进行化学攻击就显示了大规模杀伤的特点，尽管德军未能充分利用化学攻击的效果，仍然取得了战术上的成功。这次化学攻击刺激了交战双方，此后，双方都把化学武器作为一种重要的作战手段投入战场使用，并且越来越广泛，规模越来越大。

一战中化学武器的大规模使用

化学武器在伊普雷地区首次使用即获得巨大成功，引起了世界各国的普遍关注，化学武器作为一种特殊有效的武器迅速异军突起，进入了它最“辉煌”的时代，各国纷纷加以研制、改进，随后交战双方在战争中都大量使用了化学武器，化学战全面展开了。

果尔利策战役得失的启发

1915 年 4 月 19 日至 6 月 9 日，德军在维斯瓦河至喀尔巴吁山之间发动了果尔利策战役，以求缓和奥匈军队的处境，消除俄军对匈牙利平原的威胁。

西线德军在伊普雷战场毒气钢瓶攻击成功的消息传来，使得东线的德军指挥官对于这种新武器也跃跃欲试。鲁登道夫在他的回忆录中写道：“我们已经得到了毒气的供应，并期望从它的使用中得到巨大的战术效果，因为俄国人至今仍缺乏对毒气的有效防护。”德军决定在战役辅助方向即战线左翼的第 9 集团军正面使用这种兵器。5 月初，德军选择了华沙西南约 45 千米的斯凯尔尼维策附近的波里莫，在 12 千米正面上，布设了 12000 只毒气钢瓶，内装约 264 吨氯气。但是，由于持续不变的东风而无法使用，埋好的钢瓶等了三周之久。

5 月 31 日，风向转为有利，德军于 2 时至 3 时，按预定计划向俄军第 2 集团军的两个步兵师进行毒气吹放袭击。

随后，步兵发起攻击。德军起先以为毒云可以消除一切抵抗，后来当部分地区遭到俄军炮兵和步兵火力袭击后，便误认为毒气吹放效果失败，因而进攻速度放慢，没有取得很大的战果。实际上俄军准备很差，尽管俄国的最高司令部吸取了他们西线盟军的教训，已下达了采取防护措施的指示。但他们所采取的防护，只是一种浸有硫代硫酸盐溶液的布质面罩，而且这种面罩的生产也并没有加速进行。

同时，前线俄军对新的化学武器及使用效果无知，虽已发现德军化学袭击情报和攻击的准备，却疏于戒备，故当德国人发动化学武器攻击时，俄国部队几乎处于完全没有防护的状态。在德军毒气袭击时，俄军已有9100人中毒，并有5000人死亡，西伯利亚第53、第54联队几乎伤亡殆尽。据前苏联资料记载，确切的伤亡人数为8934人，其中死亡1101人。

6月6日，德军在这一地区又进行了第二次毒气吹放攻击，由于风向突变，部分毒云折回，德军自己也遭到重大损失。东线的德军系初次使用，由于经验不足，对部队利用毒气攻击指导不够，均未能充分发挥毒气威力，同时对气象规律没有很好掌握，反而自己受到了一定的损失。因而，促使他们研究改进化学兵器——抛射器。

英国的反击

1915年9月26日5时50分，英军首次向德军进行了化学报复。德军在伊普雷前线使用毒气使英军总司令约翰·费伦奇爵士勃然大怒，在遭毒气袭击的第二天就给伦敦拍电报，要求对德采取报复手段。

英国国防大臣基钦纳勋爵决定把“对卑鄙的德国人采取同样手段”的问题提交政府。素讲“绅士风度”的英国上层人物何以发怒？原来，早在1899年，国际上就签署了《海牙宣言》，宣言中明确规定禁止使用“文明战争”以外的作战方法，当时包括德、英、法等国在内的几十个国家都在协约上签了字，并共同发誓“不使用任何能够放出窒息性和有毒气体的投射物”。而如今德国却在伊普雷首先使用氯气及其他有毒气体，显然是违反了国际法。更令人气恼的是，德国人却玩世不恭地宣称：他们并没有使用

"投射物"，而是放在钢瓶中的气体烟雾。他们不仅拒不承认违反海牙协定，而且还声称这是一种格外温和的战争方法。太可恨了，世上竟有如此无耻的辩言！

英国内阁开始紧急讨论对使用毒气的态度，但内部意见不一，一时间委决不下。继首次使用毒气后一个月，5 月 24 日，德军发动了夏季最后一次，也是最猛烈的袭击。黎明时分，在密集的炮火掩护下，德国兵沿着 3 千米的战线，在伊普雷西南方向再次向防守的英军第 1 骑兵队、第 4 和第 28 师施放了氯气。

面对滚滚而来黄绿色的毒气烟云，协约国士兵似乎不像前几次遭袭时害怕和束手无策。他们抓起刚配发下来的双层法兰绒防毒面具，然后用苏打水浸泡一下，再用带子拴起来敷在嘴上。然而，出乎意料的是，德军这次施放的毒气浓度高得惊人。在离阵地前沿 2 千米的地方就可以使人毙命，在离阵地前沿 15 千米的地方就能使人呕吐、刺痛人的眼睛。再往后 5 千米就是伊普雷城了。这时毒云已经吞没了这座历史名城，城中的建筑、树木及医院的病房都如同飘浮在云雾之中。

可以想象，在前沿阵地将出现怎样一幕惨剧。开始时，士兵们都正确地使用了防毒面具。可是毒气浓度大高了，使士兵们窒息，于是他们摘下面具又一次将其浸滞在苏打水中。由于毒气不断涌来，士兵们焦躁不安，他们没等挤干苏打水，就急忙把防毒面具捂在嘴上。结果，他们无法通过饱和了的苏打水的防毒面具进行呼吸，却以为这是因受毒气而正在窒息，便又在很短的时间内又去浸泡面具。而在浸泡过程中，他们不是屏注呼吸而是艰难地喘息，因而不可避免的结果是，毒气使他们失去了知觉。

这次袭击长达 4 个多小时，造成协约国 3500 人中毒，而至少有一半人需要回国治疗，死亡数字不详。前线的英军屡遭德军毒气袭击，着实激怒了"约翰牛"们，英国政府终于下定决心：对德军进行报复，以牙还牙。国会很快下达一项秘密指令，传到远在千里之外设在哈兹布罗克的英军总司令部。5 月 26 日，英军总司令约翰·费伦奇爵士的总参谋长罗伯逊将军，奉命召见一位特殊人物。此人就是后来为英国化学战作出杰出贡献、成为该领域头面人物的查尔斯·霍华德·福克斯。

罗伯逊将军上下打量一下这位年轻的军官，便开门见山地问道："你对毒气这东西有所了解吗？"叶福克斯如实回答道："我一点也不了解。""嗯，我看也没多大关系，"将军楞了一下，但随即作了一个手势继续说，"议会已经决定对德国人进行毒气报复，我想让你来负责用毒气在法国前线的报复。伦敦方面也正在作准备。现在，你的任务是到前线那边去，搞清全部情况，然后回来对我说说你打算怎么干。你现在是英国陆军的'毒气顾问'。"

于是福克斯少校带着这项艰巨的任务，离开了司令部。经过大量危险、复杂的研究，在科学家们的配合下，他仅用5个月时间就设计和生产出了化学武器，并招募、训练了使用这种武器的人员及找出了最好的使用方法。而在这段时间里，老天爷也有意偏向英国人，一直刮起西风，使西线所向披靡的德军毒气部队无用武之地，只好将它调往僵持的东线，用它去对付装备低劣的俄国士兵。因此，福克斯的工作没有受到丝毫干扰，英军一门心思地磨砺着它那把"复仇之剑"。

福克斯的工作并不是一帆风顺的，他首先就遇到了难以克服的困难，那就是当时英国薄弱的化学工业远远满足不了化学战的需要，这使他一筹莫展。打一场毒气战需要大量毒剂，没有高效率的大规模生产显然是不行的。而英国当时的生产量只是自己需要量的1/10。在第一次世界大战前期，英国乃至世界其他国家的化学工业的生产能力都远远不能与德国的大型化学联合企业——法本工业托拉斯的生产能力相匹敌。据估计，法本化学工业托拉斯当时有4亿美元的资本，完全能满足战争需要。用生产染料的一般机器和方法，就可以大批生产第一次世界大战所需要的大部分毒气。那时，德国实际上垄断着全世界染料的生产。生产能力的不平衡状况，使协约国的化学战能力受到严重影响。

甚至到战争结束时，英国的化学能力还落后于德国。除此之外，德国研制和生产毒气，在其国内并没有多大障碍，而在英国则大不相同，科学家、政治家和军事领袖们，谁都不敢轻易冒犯"舆论"，只有舆论开了绿灯，他们才敢公开地生产这种既违反国际法，又违背人性的杀人武器。

曾在英国毒气部队中服役的保守派人士托马斯上尉说："真该死，尽管德国人已经开始使用这玩艺儿，而我们这样子使用这玩艺也真不像军人。这玩艺很肮脏……它们的外貌就使我颤抖。”但不管怎样，福克斯还是竭尽全力在英国陆军中建立了一个特别连，随后又扩编为特别旅，并投入战斗。福克斯的特别旅共有 1404 人，其中包括 57 名由他亲自指挥的军官，部队人员大多是招募来的，当中有许多自然科学的大学毕业生、工业化学家，堪称英国陆军中的精锐。在这支特殊部队里，每个士兵都享有额外津贴，都有一个至少是相当于班长的军衔，他们不像其他部队的士兵扛来复枪，而是佩带精致的左轮手枪，平时可以不去操练，而是学习操作 86 千克重的氯气钢瓶。

复仇之剑开始出鞘了！就在德军第一次使用毒气 5 个月之后，来往于英吉利海峡的驳船上，便经常从英国向法国运来一批批神秘的货物。搬运工们发现这些货都被装在没有标记的木头箱子里，还被告知：务必要小心轻放，搬一只箱子的工钱是 12 先令！这要比搬运其他物品高得多，工人们也就不在乎要求苛刻了。

到 1915 年 9 月 25 日，这批神秘货物全部被秘密运到了驻扎比利时芦斯地区福克斯的特别旅的手中。拆开箱子后，一颗颗锃亮的钢瓶露出来，一共 5500 只，装有 150 吨毒气！

5 月 25 日午夜时分，特别旅悄悄进入了阵地。在道格拉斯·黑格爵士的指挥所里，福克斯紧张地等待着，只见他一会儿坐下，一会儿又站起走几步，双眼不时地看看表，又看看摆在桌上的那一大张用许多小红旗标志他手下指挥官所在位置的战壕方位图。可想而知，他此时的心情是何等地紧张和激动，半年多了，自己的艰辛和努力能不能一举奏效，就要在这场芦斯战役中见分晓了。这毕竟是英军发动的第一次毒气战啊！

翌日凌晨 5 点，晨风仍然同夜风一样迎面吹来。黑格犹豫了，他打算取消这次袭击。阵地上仍是死一般寂静，天色已亮。又过了一会儿，他叫手下一个军官点燃一支香烟，香烟的烟雾在这平静早晨的空气中几乎不飘不移，正直向上升去。尽管如此，福克斯仍坚决要求实施毒袭，最后袭击命令还是下达了。

凌晨 5 点 50 分，命令到达前沿阵地。一些钢瓶打开了。毒气嘶嘶地冒了出来，可是从一些施放点上传来忙乱的呼喊声。原来，由于前线战区士兵的失职，发到他们手上的扳手尺寸不合适，因此到处乱冲乱撞地嚷着要借可以调节的扳手，以便打开钢瓶。这时对面的德军发现了这些点上英军的行动，立即开火还击，德军炮弹有的直接打中了几个毒气钢瓶，毒气弥漫了那里的英军战壕。另外还有一处施放点的军官，发现他所在地点的风向不对，便拒绝施放毒气。此事传到司令部，但上级下令还是要他执行原命令。几分钟后，他惊愕地看到，自己施放出去的毒气云团，正往回飘来，数百名英军士兵中毒。

然而，前沿阵地上其他地区的势态却进展顺利。6 点钟过后不久，在指挥所焦急等待的黑格和福克斯接到空中侦察报告："毒气烟雾正稳稳地飘向德军防线。"这使他们一直悬着心稍微平静了些。

英军几处施放的毒气渐渐汇合成一团，像饥饿的巨型怪兽紧挨着地面向德军阵地扑来。或许是天气尚早看不清，或许误以为只是晨雾，毒云一直到达德军最前面的战壕时，德军阵地上才响起了报警的鼓声。但这时已经太晚了，在德军阵地上，又重现了 4 月份英军在伊普雷受到毒气袭击时的惨状。德军官兵同样毫无准备，防毒面具丢的丢，失效的失效。他们根本就没有想到英国人也会使用毒气作战，而自己的毒气部队正在东线，以为西线不会有毒气战了，因而没有防毒准备。加上几天来协约国连续不断的炮击，德军配给 4 天的粮食已用完，暂时又供应不上，因此个个体质虚弱、疲惫不堪。

一些士兵龟缩在战壕里，他们起初还能避开毒气，但毒气越来越浓，使他们喘不过气来，他们不得不往外跑。大约有 70 名士兵跳过壕沟上的矮墙想逃跑投降，但立即被那些装备良好的自己人用机枪撂倒了。这些机枪手们部戴了潜水员似的兜帽，又配有氧气瓶。虽然他们有较好的装备，但氧气只能坚持 30 分钟，而英国人足足施放了 40 分钟的毒气，最后机枪手也坚持不住了。英军施放的毒气仍在源源不断地涌向德军阵地，并和秋天早晨的大雾搅在一起，弥漫了天空，即使在德军防线后 6 千米的地方，也只能看到 6 ~ 7 米远的地方。

防守的德军身心受到极大的打击，完全失去了战斗力。就在第一轮毒气施放 1 小时后，英国步兵开始尾随滚滚向前的毒气烟雾，向德军阵地发起了第一次冲锋。正处于惊恐和痛苦之中的德军幸存者，从渐渐稀薄的烟云中突然发现密密麻麻的步兵横队和纵队出现在眼前，就像从地下冒出来一样，他们脸上都带着防毒面具，看上去并不像士兵，倒像是从地狱中出来的鬼怪。

英军几乎未遇任何抵抗就攻占了德军第一道防线。

德军尸横遍野，个个身体扭曲，面色铁青；有的挤压在一起，战壕中到处堆满了德军尸体，有 1 米多高，都是被毒死的。其惨状使冲锋的英军看了也不免心寒。

英军继续前进，在向德军第二道防线冲击时，也只遇到了小股顽抗的德军，在机枪的吼叫声中，尽管有许多冲锋的英军士兵倒下。但英军很快将其解决了。英军突入德军阵地 2 千米，有些地方达 5 千米。英军发动的这场芦斯战役使德军自开战以来第一次饱尝到了毒气的苦头。在这次战役中，英军突破了德军阵地，缴获了 18 门大炮，俘虏 3000 名战俘。但是英军自己也有 5000 多人伤亡。如同伊普雷战役一样，毒气由于受天气的影响太大，这次战役也没有取得决定性的胜利。事后，福克斯不无遗憾他说：“假使我们的命运再好一点的话，假使风向稍微再对我们有利一点的话，那天约翰·弗伦奇爵士一定会大获全胜。”一周之后，在没有毒气的情况下，英军刚攻占的敌人阵地又被德军夺了回去。

芦斯战役中的毒袭是英国人对德军的报复，也标志着第一次世界大战化学战从此全面展开，化学战逐渐成为战争指挥者们热衷的手段，它无所不在，成了战争不可缺少的一部分。

专用的毒气发射武器问世

毒气吹放钢瓶这种最简单而又十分有效的化学武器，在战争初期显示了巨大的威力。但是随着战争的发展，它的局限性表现得越来越明显。首先，它在攻击之前，必须将大量的钢瓶埋设好，因此只适用于阵地战。其次是对气象条件的依赖性太大，这也是它致命的弱点。由于它是靠风力把毒气吹送到敌人阵地，所以必须要有合适的风向和风力等条件。风力太小，毒剂吹送不过去；风力太大，又迅速把毒剂吹散，形不成应有的战场浓度；风向的突然改变，还能引起“返回效应”，造成“自食其果”。第一次氯气攻击，德国人为了等待适宜的气象条件，曾将日期一拖再拖，达十几天之久。

这种对气象条件的依赖所造成的作战计划的不确定性，引起了战场指挥官们的不满。另外，长时间在自己阵地上埋放着大量致命的毒气钢瓶，也使他们感到惴惴不安。因此，如何减少化学武器对气象条件的依赖，就成了武器设计师的主要研究课题。于是，人们把目光又投向化学炮弹。

德国人在他们研制的早期刺激性化学炮弹的基础上，开始向发展致死性化学炮弹迈进，首先研制出 K—剂弹，装的毒剂是氯甲酸—氯甲酯和氯甲酸二氯甲酯两者的混和物，毒性比氯气大两倍，但使用效果并不理想，它随即为毒性更高的 K2—剂弹即双光气弹所取代。K2—剂弹又称为“绿十字”弹，德国化学武器所采用的标志系统是彩色的“十”字，它代表着内装战剂的性质：“绿十字”意指引起呼吸道损伤的挥发性战剂；“黄十字”意指不挥发性战剂，特别是指损伤皮肤的战剂；“白十字”意指催泪性毒剂；“蓝十字”意指喷嚏剂；“红十字”则表示所谓“激怒毒剂”。“绿十字”弹最初用于 1916 年，它有三种型号，分别由 77 毫米、105 毫米和 150 毫米口径的野炮及榴弹炮发射，弹体设计与早期的化学弹相同。

1916 年底，德国人对这种弹作了改进，采用了专门装化学毒剂的弹壳，这种弹壳比原先的要长，而且体壁较薄，同时只由引爆管的炸药来爆炸分散，增大了毒剂的装载量。到 1917 年 8 月，“绿十字”弹已被德国所有的野炮采用。

75 毫米野炮

法国的设计师们也不甘落后，他们发明了装有光气的所谓“五号特种弹”，即用于 75 毫米野炮的炮弹。这种野炮以其非常高的射速弥补了弹药重量的不足，并有105毫米和155毫米野炮和榴弹炮的炮弹作补充。在凡尔登保卫战中，首次使用取得成功，向世人证明了这是一种不需要繁重的毒气钢瓶操作而又非常有效的化学战技术，引起了交战国的普遍关注，于是便纷纷仿效研制。

到1917年，大炮已成为投送化学战剂的主要手段，而且所有交战国都大规模地发射了化学弹。与此同时，专门发射化学战剂的装置也逐渐被研制出来。在这方面，德国人似乎总是走在前面。

榴弹炮

1915年5月，德军就用原装备的重迫击炮24门，在毒气团内组建迫击炮营，并在同年8月4日，在东线的勒姆河对俄军阵地发射毒剂炮弹4000余发，获得成功。这种250毫米重型迫击炮能发射较大的炮弹，一发炮弹可装24千克毒剂，但射程较近，而且过于笨重，难以大规模使用。

为了满足机动灵活作战的需求，1915年9月，英国人设计出一种专门用于发射化学战剂的迫击炮，名为“斯托克斯迫击炮”。口径为10厘米，炮弹装填3~4千克毒剂，射速20发/分，射程达1千米。它射速快、弹道弯曲，易于打击远距离和山后或建筑物后面的目标，也避免了毒剂钢瓶吹放时的一些弱点。斯托克斯迫击炮是专为发射化学炮弹而设计的，它首次用于芦斯战斗，随后用于整个战争过程。

如何在1~2千米范围内突然造成很高的毒气浓度，增强毒气的使用效果，英国一个叫李文斯的上尉军官于1916年至1917年冬季，发明了一种毒剂投射器，后来称为“李文斯投射器”。

李文斯原来是一名土木工程师，因为对德国有着刻骨的仇恨，毅然投笔从戎，后来当上了福克斯特别旅“Z”连的连长。他精力过人，又是一个十足的“冒险家”，为试验他的武器，他狂热地出没于毒气烟云之中，而且必要时，为得到他所需要的设备器材，即使冒着炮火的威胁也在所不辞。尽管他的发明还不够成熟，但颇具威力，更主要的是从降低对气象的依赖性这一目标来看，这一武器比毒气钢瓶具有更明显的优越性。它不是用钢瓶对着敌军阵地施放毒气，而是把整个一排排的钢瓶投掷到敌军阵地，并在其上方爆炸。

因此，化学兵埋置的不再是千百个钢瓶，而是用大量汽油筒或长管子临时改制成的粗糙的大口径迫击炮。然后插上推进剂药包，接着装进配好击发引信和少量炸药的毒气钢瓶。而当时间一到，整个炮弹即可同时发射。这是一种非常有效的技术，而且造价低廉，制作简易。按照李文斯的说法，如果大规模生产这种投射器，“消灭德国人的成本费用将会降到每人 16 个先令”。

1917 年 4 月 9 日，在阿拉斯战役中，英军首次使用李文斯投射器向德军发动了大规模化学袭击。一排排投射器同时发射，大地微微在颤抖，暗红色的火光闪烁过后，紧接着便传来沉闷的吼声。就这样，2304 发毒气钢瓶弹腾空飞越，笨拙翻转，随即大量倾泻在德军阵地上。刹那间，装着光气的毒弹炸开了花，近 50 吨光气迅速蒸发气化，形成浓密的毒气烟云。为配合这次化学袭击，英军还发射大量普通炮弹。毒气烟云与大炮轰炸混为一体造成的恐怖使德军感到格外胆寒。毒气吹到之处所向披靡，德军纷纷溃退，只有一群炮兵带着面具仍在抵抗，不停地向英军打炮，但不久弹药打光了，因为毒气毒死了数百头为前线运送军需品的马匹，所以德军全线败逃。李文斯坐在飞机上观看了这次化学袭击的全过程，对自己发明的武器非常满意。实际上，在整个战争中，这是协约国用新武器突然袭击打败德军仅有的一次。李文斯投射器由此一鸣惊人，随后在整个战争中被各国广泛使用。

随着时间的推移，这一武器又得到了改进，配备了能携带 15 千克毒剂的标准李文斯投射器的鼓形弹；投射器功能也得到拓展，除了发射毒弹外，还用于发射纵火剂和高爆炸药；使用规模也进一步扩大。

到 1917 年底，一次战斗经常动用若干发射群包括数千个投射器。李文斯投射器的最大特点就在于同时、突然、相对准确地向广阔的目标区发射大量的化学弹。在这一段时间内，德国人还没有任何东西能够与之相比。

但是他们很快仿制了这种武器，并于1917年10月首次用于意大利前线。

两个月后，德国又在法国的康布雷用来对付英国人。临近战争末期，他们采用了更小型的、也更为完善的线膛炮，其射程可达3千米以上。

化学武器的试验场——凡尔登战役

1916年2月至12月欧洲西线战场的凡尔登战役，是第一次世界大战中规模最大、持续时间最长的战役。这次战役长达10个月，双方各伤亡近100万人，由此被称为“绞肉机”或马斯地域的“磨房”。它成为新武器、新战法的试验场，各种新老毒剂也在这里较量。

凡尔登是法国著名的要塞之一，从1914年开始构筑，经过近两年的时间，建成了非常坚固、完备的筑垒地域，修起了4道防御阵地，各阵地之间2～3千米，全纵深45千米。整个防御正面为112千米。法国皇太子威廉统帅第5集团军亲自镇守。德国人要突破这道防线实非易事。

凡尔登战役一开始，德军和法军就在炮兵火力准备或反击中大量使用了化学炮弹。德军从2月21日8时12分开始，以1500门火炮、迫击炮进行了长达9个小时的炮火准备。在发起进攻前1小时，炮兵火力达到最猛烈的程度，并大量发射了化学炮弹，使法军笼罩在毒气之中。对此，当时的法军凡尔登前线最高指挥官贝当元帅做了如下描述：“德军试图造成一个任何部队都无法坚守的‘死亡区’。钢铁碎片、榴弹散片和毒气向我们所在的树林、深谷、堑壕和掩蔽部铺天盖地袭来，简直是要消灭一切……对布拉邦特、奥恩和凡尔登这块狭小

凡尔登战役一角

的三角地带进行了毁灭性射击，倾泻的炮弹达200万发以上。”德军步兵借助炮火和毒气的效果，于16时45分发起攻击，很快完成了当日的任务。23日，德军第18军攻下第一阵地。25日，德军攻下杜奥蒙炮台，从而取得巨大胜利。法军也从2月21日开始以75毫米野炮向德军发射新制成的第5号特种弹——光气炮弹进行反击。

光气是合成染料工业的重要原料，学名叫二氯化碳酰。1812年英国化学家约翰·戴维以一氧化碳与氯气在日光下合成光气。因为它是“光化合成”，所以“光气”一名，由此而得。

光气是无色的气体，有烂干草和烂水果味，它蒸发快，易造成伤害浓度，毒性为氯气的8倍，人员在4~5克/立方米光气的空气中暴露1分钟就足以致死，但持续时间短，易被活性炭等多孔物质吸附。遇水或火碱及氨水等会失去毒性。

光气主要以气状通过呼吸道而引起中毒。吸入光气后明显地感到胸闷、咽干、咳嗽、头晕、恶心，经过2~8小时后，出现严重咳嗽、呼吸困难、头痛、皮肤青紫，并咳出淡红色泡沫状痰液，中毒严重时会窒息死亡。光气中毒是引起人员肺水肿，造成机体严重的缺氧窒息而杀伤人员的。人的呼吸是依靠肺的功能，而肺的功能是通过许许多多肺泡来完成的。当光气进入人体后，一方面直接作用肺泡膜，使其通透性增强；另一方面直接刺激肺泡的化学神经感受器，引起病理性神经反射，使肺毛细血管扩张渗透性增加，致使血浆渗入肺泡形成肺水肿，从而导致人员吸入氧气和呼出二氧比碳的交换失调，造成机体缺氧。

光气是窒息性毒剂的典型代表，也是第一次世界大战中最主要的致死性毒剂，整个大战期间死于毒剂的人数中有80%是因为光气中毒而死。由于光气中毒有一段时间的潜伏期，容易使人思想麻痹，因此经常是许多人开始都不知道自己中毒，当天照样还能执行任务，照样吃得下饭睡得着觉，但第二天却突然死去。在福克斯的记忆中，也曾遇到过这样的事，有一次英军发动光气袭击后，抓获了一名德国战俘。受审时，这位战俘气焰十分嚣张，嘲笑英军的毒气毫无威力。24小时后，他在写家信时却因光气毒性发作而死。光气的出现大大加剧了人们对毒气的恐怖感。

首次将光气搬上战争舞台的是德国人，法国人成了第一个试验对象，但当时德军由于炮弹使用技术还欠点“火候”，其战场效果并不理想而被搁置一边。这次法国人将它“拾”了起来，重新“梳妆”，反施于德军，仅以少量的消耗，就造成德军重大伤亡，收到了奇袭的效果，总算是报了一箭之仇。

德军尝到了“新毒剂”的苦头，被迫降低了进攻速度，在抢占比较有利的304高地后，一方面与法军对峙，一方面从国内紧急调运“绿十字”炮弹，准备用新的窒息性毒剂对付法军。

装在“绿十字”炮弹内毒剂是双光气，学名叫氯甲酸三氯甲酯。因其分子式刚好是光气的双倍，故称双光气。双光气的毒性与光气一样，但挥发性比光气小得多，因而能持续较长时间。

5月7日，德军的几十万发“绿十字”炮弹一到前线便投入了使用。借助新毒剂的威力，德军很快巩固了304高地，5月20日又占领了奥姆高地。至此终于拿下了法军防御配系中两个重要高地，但同时也付出了惨重的代价。

6月初，德皇下令要求德军在6月15日前占领凡尔登要塞。德军加强攻势，化学武器再次被大规模使用。6月7日，德军夺占了沃炮台。从6月22日晚11时起至23日晨6时止，德军连续发射了11万发双光气（“绿十字”）炮弹，袭击了从布拉到苏维尔与凡尔登附近要塞之间正面1千米、纵深5千米的地区，毒剂云团在谷地、树林迟滞，持续到下午6时才被风吹散。毒云遮盖了法军阵地和向前沿开进的预备队。该预备队有30%人中毒。这次化学攻击造成法军1600人中毒，其中90人死亡，使德军顺利攻占了蒂奥蒙等要塞。

7月11日，德军又在这一地区进行第二次“绿十字”化学弹攻击，造成法军1100余人中毒伤亡。进入8月后，法军在凡尔登城下转入大举反攻，在毒气弹、燃烧弹及重炮支援下，12月初，夺回杜奥蒙炮台和沃炮台。12月18日，法军收复了原先第三阵地后停止进攻，凡尔登战役结束。

凡尔登战役中新的致死性炮弹显示了强大威力，在支援作战中发挥了巨大的作用，化学武器达到了一个新水平。

伊普雷英军二度遭劫难

随着新毒剂的不断出现并在战场上的大量使用，到了第一次世界大战中期，各式各样的防毒面具也逐渐产生和得以完善，防毒面具已足以防通过呼吸道中毒的毒剂，这使得化学武器的战场使用效果大大降低，尽管各国仍在努力寻找能够穿透面具的新毒剂，但都是徒劳的。而此时，德军已悄悄地研制了一种全新的毒剂，作用方式由呼吸道转向了皮肤，并酝酿在适当时机使用，这就是被称为“毒气之王”的糜烂性毒剂——芥子气。

芥子气是英国化学家哥特雷在1860年发现的。1886年德国化学家梅耶首先研制成功，并很快发现它具有很大的毒性。德国首先把它选为军用毒剂，并在芥子气炮弹上以黄十字作为标记，以后人们就把芥子气称为“黄十字毒剂”。直到今天，大家还习惯以黄十字来标志芥子气。芥子气学名为二氯二乙硫醚，纯品为无色油状液体，有大蒜或芥末味，沸点为219℃，在一般温度下不易分解、挥发，难溶于水，易溶于汽油、酒精等有机溶剂。它具有很强的渗透能力，皮肤接触芥子气液滴或气雾会引起红肿、起泡，以至溃烂，如果吸入芥子气蒸气或皮肤重度中毒亦会造成死亡，它的致死剂量为70～100毫克/千克。其中毒症状十分典型，可分5个发展阶段。

（1）潜伏期：芥子气蒸气，雾或液滴沾染皮肤后，一般停留2～3分钟后即开始被吸收，20～30分钟内可以全部被吸收。这段时间内皮肤没有痛痒等感觉和局部变化，而此时已进入潜伏期。芥子气蒸气通过皮肤中毒，潜伏期为6～12小时；液滴通过皮肤中毒，潜伏期为2～6小时。

（2）红斑期：潜伏期过后，皮肤出现粉红色轻度浮肿（红斑），一般无疼痛感，但有瘙痒、灼热感。中毒较轻者，红斑会逐渐消失，留下褐色斑痕。中毒较重者，症状会继续发展。

（3）水泡期：中毒后经18～24小时，红斑区周围首先出现许多珍珠状的小水泡，各小水泡逐渐融合成一个环状，再形成大水泡。水泡呈浅黄色，周围有红晕，并有胀痛感。

（4）溃疡期：如水泡较浅，中毒后3～5天水泡破裂；如水泡较深，中毒后六七天水泡破裂。水泡破裂后引起溃疡（糜烂）。溃疡面呈红色，易受细菌感染而化脓。

（5）愈合期：溃疡较浅时，愈合较快。溃疡较深时，愈合很慢，一般需要二三个月以上，愈合后形成伤疤，色素沉着。

第一次世界大战中，芥子气以其无以伦比的毒性、良好的战斗性能，成为当时各类毒剂之首，所以有“毒剂之王”的说法。德国使用“黄十字”炮弹仅仅三个星期，其杀伤率就和往年所有毒剂炮弹所造成的杀伤率一般多。因此这种毒剂，到了第二次世界大战时，第一次世界大战曾经使用过的许多毒剂被淘汰，有的虽未被淘汰但已经降为次要毒剂，唯独芥子气，仍然以主要毒剂存在，直到今天还是如此。这是后话了，我们重新回到1917年7月，战斗又一次发生在伊普雷前线。那是7月12日，仲夏的一个温和的夜晚。伊普雷这个屡遭化学武器洗礼的两军反复争夺的战略要地、多年来难得有这样平静的夜晚。

然而就在10点左右，突然间德军阵地上响起的隆隆炮声打破了宁静的夜空，大批77毫米和105毫米的炮弹尖啸着飞向英军阵地。英守军匆忙躲进掩体，心里还在为这么美好的夜晚遭到破坏而惋惜，口中不断唠叨：这些该死的德国佬，太不懂得浪漫了！但是恐怕他们还不知道，毒魔已悄悄向他们伸出了罪恶之手，因为这次德军发射的可不是普通炮弹，也不是士兵们所熟悉的那些毒气弹，它是芥子气毒剂弹。当它炸开时的烟雾只对眼、喉有轻微的刺激作用，最初并没有其他特别的反应。当时一些士兵甚至不愿戴上那使人难受的防毒面具，擦掉那些黏糊糊的油状液体后，大多数很快回去睡觉了，并没在意。然而，他们哪里晓得毒液已潜入他们的身体，几天以后将会出现更让人恶心和痛苦的反应。

第二天凌晨，很多士兵由于眼睛疼痛难忍而醒来，使劲揉着眼，好像里面有沙砾在磨一样，然后又不断地呕吐。到天黑时，眼睛更疼了，他们不得不服用吗啡以暂时止痛。第三天，太阳升起的时候，这支军队像得了瘟疫似的，其惨状难以形容，叫人看了不寒而栗。很多人已不能动，一些中毒较轻的伤员也像盲人一样，都走不了路，在撤出时只好由护理人员领上救护车。

他们的脸上充血、浮肿，尤其是那些被抬上来的重伤员，很多人的脸的下部、脖子上出现小水泡。少数伤员的大腿、背部和臀部甚至阴囊处也都长出令人疼痛的小水泡。这是由于他们坐在了受到芥子气污染的地上，毒物渗进皮肤引起的。英军的一位化学战顾问想收集一些芥子气炮弹的碎片进行分析，他试图带走打进他手臂的弹片，但弹片上的毒剂液滴穿透了他好几层衣服，使他的胸部和手腕、手臂也出现了水泡。

野战医院挤满了伤员。在遭到芥子气袭击两天后，英军出现了第一批死亡者。芥子气中毒后的死亡过程是一个缓慢而痛苦的过程，它没有特效药可以进行治疗，所以只能眼睁睁地看着任其发展。在这些重伤员中，有的直接死于毒剂烧伤，有的死于毒气在喉咙和肺部造成的糜烂。伤员们不停地咳嗽，痛苦而虚弱，许多人由于中毒，支气管的黏膜剥离，有的人甚至完全剥离，成了一个圆筒；有的受害者死时气管从头到尾完全粘住；有的尸体在解剖时，在场的人仍能感到从中散发的气味对眼、口、喉、鼻子和脸部有明显的刺激。

有一次，很多人站在一个经过解剖的受害者周围，他虽是几天前中毒的，但人们发现毒效在他死后仍在起作用，他的喉咙和声带红肿，气管里充满了稀薄泡沫状液体，左肺分泌液中渗入了近 2 千克的脓血，此时的肺已超过正常量 2 倍，摸起来硬邦邦的，心脏也充满了血水，比正常的重一倍，脑表面的血管生出了无数小气泡。再看另一名受害者皇家利物浦旅中尉、39 岁的科林奇，他也是在中毒 10 天后死亡的，身体出现大面积微棕色的色素沉着，只是手腕上原来戴手表处没有；面部和阴囊部位有明显的表皮烧伤；整个气管和喉咙的下部包括声带都被微黄色的黏膜裹住；支气管充满了脓液；右肺大面积萎缩，剖面有无数的气管肺炎斑点，呈灰色，斑点中有脓液，很多脓液已流出支气管外形成固定的脓泡；肺部充血并有脂肪；脑组织由于水肿而大量充血。

德军在伊普雷首次芥子气攻击获得了巨大成功，迫使英军将进攻计划推迟达两周之久。在以后的 9 天里，德军几乎每晚都对英军进行芥子气攻击，继续破坏英军的进攻准备，挫伤英军的进攻锐气。此期间，德军向协约国阵地倾泻了 100 多万发“黄十字”炮弹，消耗芥子气 2500 吨，造成协约国部队 1.5 万人中毒伤亡，这个数字几乎是一年前所有毒气袭击所造成的伤亡数字的总和。到第一周末，英国卫生队所收容的中毒人数是 2934 人；到第二周末增加了 6476 人；到第三周末，又增加了 4886 人。

虽然芥子气造成的死亡率只有 1.5%，但一个中毒士兵至少要离开战斗岗位 2～3 个月，甚至更长，呼吸系统和皮肤还常出现二次感染。战争结束时，数以千计的人由于芥子气中毒而领取残废津贴。英国在 1919 年的一份报告中对于芥子气是这样评价的：“就其杀伤能力而论，它是一流的。……坦率他说，在某些情况下，其消耗作用在数量上不亚于两个师以上的兵力。”由于芥子气能持久起作用，在伊普雷遭芥子气沾染过的区域仍很危险。炮弹坑、战壕角落形成的芥子气毒液坑会使触及者中毒，还能污染水源。冬天，它像水一样结冰，潜伏在泥土里，次年春季大地解冻时，它又会活跃起来，使人中毒。

因此，不光是污染后的战壕不能再使用了，甚至在这种污染地带上通过也必须采取严格的措施：首先在需要通过的道路上用漂白粉消毒，人员要带好防毒面具，还要打绑腿、戴手套和眼镜。暴露在毒气下的大量武器装备也需要消毒。普通士兵实在难以忍受在这种化学污染环境下的紧张生活，甚至连最守纪律的士兵也要犯错误。中毒士兵在战壕中显得疲惫不堪，对刚入伍的士兵更是一种精神挫伤。美国化学战部队的指挥官费赖斯将军说：“体质下降，被迫在整个作战期间戴上防毒面具所造成的行动效率的降低，至少达 25%。这相当于 100 万人的部队有 1/4 的人丧失了作战能力。”

芥子气的出现和使用，把化学战推进到一个新的水平。至此，第一次世界大战军用毒剂形成了催泪性、喷嚏性、窒息性、糜烂性等各类毒剂的完整系列。

协约国开始反攻

凡尔登战役之后，德军元气大伤，战争双方力量对比发生了根本性的变化。而美国的参战，更犹如雪上加霜，德军为挽回败局，又连续发动了 5 次大规模攻势行动，但都无济于事。战争的“方向盘”该由协约国来操纵了。

1918 年 7 月 18 日 4 时 35 分，法国第 6 及第 10 集团军左翼部队，未经炮火准备，在大密度徐徐推进的化学炮弹的烟幕掩护下，在韦特努瓦至贝洛间 50 千米的正面上，开始发起战役反击，即第二次马恩河战役。

法军进攻十分顺利，至 8 月 4 日，前进约 40 千米，摆脱了德军对巴黎的威胁。在此期间，德军进行了顽强抵抗，并于 7 月 31 日，在法军进攻的右侧凡尔登方向，向法军发射了 34 万发芥子气炮弹，以阻止法军的进攻。但是，在法军势如破竹的攻势面前，化学武器似乎失去了其应有的威力。法军仍如潮水般涌来，不可遏止。协约国继马恩河反攻成功之后，又发动了亚眠战役。

8 月 8 日，由美军第 4 集团军和法军第 1、第 3 集团军在阿尔贝尔至莫雷尔之间 25 千米正面转入进攻。8 日 4 时 20 分，协约国军队炮兵对德军阵地、指挥所、通信枢纽和后方目标进行猛烈的化学弹袭击。顿时，大雾和毒剂、发烟弹爆炸形成的浓浓烟雾遮注了德军步兵 10 ~ 15 米以内的视线。炮弹四处飞落，工事连同人的四肢一道被炸上了天。毒气呛得德军士兵一个个又咳嗽，又呕吐，眼睛也看不见东西。周围的大地变成了一座地狱。德军四处逃窜，哭喊声、叫骂声、呻吟声与炮弹飞落的轰鸣声连成一片。

英、法联军突然、快捷的进攻，打得德军措手不及。在 415 辆坦克随伴下，英、法步兵发动了攻击，至 13 时 30 分，协约国部队突入德军阵地纵深达 11 千米。至 13 日战役结束，英、法军队将进攻正面扩展到 75 千米，向前推进了 18 千米，德军损失了 4.8 万人。当时的战地统帅鲁登道夫承认："1918 年 8 月 8 日是德军在世界战史上最黑暗的一天。"

8 月 18 日，美军第 3 毒气联队，以 800 门毒剂火炮对巴卡拉、梅罗叶附近德军发射了光气、氯化苦毒剂弹，共用 12 吨毒剂。这是美军毒气部队的首次亮相，显示了其强大的化学攻击能力。

9 月 26 日以后，协约国转入总攻。在协约国军队总攻期间，双方继续大量使用化学武器。据 1918 年 10 月统计，盟军伤亡总数的 34% 是化学武器造成的，其中主要是芥子气中毒。

英军总攻开始到停战日止，有 2 万多人中毒。英军在总攻期间，开始将芥子气炮弹（代号 BB 弹）投入战场使用。仅给第 4 集团军就配发芥子气炮弹 30 万发。该集团军在 9 月 26 日至 27 日向德军司令部、炮兵集团，共发射了 27145 发芥子气弹，摧毁了德军防御，保障了该集团军于 9 月 28 日的顺利进攻。至 30 日，英军就前进了 11 千米。

美军在总攻中也不断使用化学武器。如 10 月 3 日 2 时，在阿卜蒙特以西的查塔捷雷附近，对德军进行了 5 分钟的化学急袭，发射光气炮弹 1800 发。

1918 年是大战使用化学武器最多的一年，无论从规模、种类和方法都达到了高峰。这一年，各参战国共使用毒剂 59000 吨，占大战期间毒剂总量的 52%。而且大量使用了芥子气炮弹，几乎到了每战必使、每天必用的惊人程度。

1918 年 10 月 13 日，在克瓦维克战斗中，英军对德军使用芥子气，使当时的下士希特勒因此中毒而留下伤疤。每当谈起这件事，这位后来成为第三帝国元首的“大人物”总是不无自豪他说：“……英军惨无人道地使用了化学武器，毒气烟云弥漫大地。我的衣服、手套和皮靴落上了斑斑点点的小液滴，随后身体突然感到不舒适，嗓子总在发痒，眼睛里像是撒了胡椒粉一样火辣辣的一阵阵疼，但是我没有倒下。我身边带着我应传送的最后一次战况报告，我挣扎着，混身刺疼难忍，两眼模糊不清，跌跌撞撞从阵地下来。当使命完成后，我的眼睛烧得像那壁炉中通红煤块。啊！双眼已经失明，周围一片漆黑。救护车把我送到医院，当护士小姐看到我身上巨大的水泡时，吓得哭了起来。你们看到我胳膊上的伤疤，就是那次战争的纪念。可是……敌人给我带来的不是痛苦，而是荣誉，也就是在这一年里我获得帝国授予的一级铁十字奖章。”

随着这场帝国主义战争于 1918 年 11 月 11 日结束，化学战也暂告终结。在这场历时 4 年零 3 个月的漫长战争中，伤亡达 3000 余万人，其中，毒剂伤亡约 130 万人，占总数 4.3%，给人类带来巨大灾难。

一战后化学武器的发展

第一次世界大战中化学武器的使用如决堤之水，一发不可收拾，后虽然随战争结束暂时消停了，但在此后不久的一些局部战争中又多次使用了化学武器。

在前苏联内战期间1919年初，白俄罗斯邓尼金军队接受了英国人提供给他们的化学武器并在北方战役中大量使用。白军把装有喷嚏剂的M—X型毒烟罐，以空投方式攻击在阿尔汉格尔周围森林中作战的红军部队。

1923～1925年在西班牙对摩洛哥的战争中，西军曾使用瓦斯兵器，但没有达到预期的效果。同一战役中，法国人也曾用过大量的瓦斯手榴弹。尽管在1925年已签订了著名的日内瓦公约，即《关于禁用毒气或类似毒品及细菌方法作战议定书》。但1932年日军在入侵我东三省时，使用了他们的瓦斯兵器——催泪性瓦斯，另外还使用了窒息性和糜烂性化学战剂。

航空化学炸弹与航空布洒器的出现

早在第一次世界大战中，战争的指挥官们已朦胧地意识到空投化学武器的作用，但各国的空军都认为化学武器太肮脏而拒绝参加化学战，同时也由于那时航弹的负荷能力很小，没有适合的毒剂可以使用，这种想法因此被搁浅。但还是进行了一些初步的研究，在1915年初，英国人曾在英国和法国的试验场试验了装填氢氰酸的航弹。美国陆军部战务署则在1918年宣称，它已设计出实战用的化学航弹。但一直未能证实。随着大战后航空兵器的迅速发展，飞机的载重量大大增加，使空中投送化学武器真正成为可能。不久航空化学炸弹和航空布洒器问世了，并且第一次出现在埃塞俄比亚的上空。

航空炸弹

航空化学炸弹与普通的航空炸弹外形基本相似，但内部结构有很大差异，化学航弹内部不再是装满炸药，而是一个很大的流线型容器，内装腋态化学战剂，中央装有一枚高爆炸药管。当航弹从飞机上抛落，可有两种爆炸分散方式，即触发爆炸和空中爆炸方式。最初装入航弹的毒剂是芥子气。

航空布洒器是一个流线形的金属容器，是用机械分散法使液态毒剂呈战斗状态。毒剂在迎面气流或压缩气体的压力作用下从布洒器内喷出。喷出的毒剂呈气雾状下落，使空气或地面染毒。航空布洒器可以重复使用，同时可以用少量的毒剂造成大面积的染毒地域，毒剂的使用效率高，但飞机布洒时必须超低空飞行，高度一般不超过 100 米，否则就会影响精确度，这就容易受到地面火力的干扰和打击。

1935 ~ 1936 年，在意大利入侵阿比西尼亚（今埃塞俄比亚）的战争中，意军为了支援进攻部队，破坏交通，曾先后使用了大量的化学战剂，如 1935 年 10 月在南部欧加登地区使用了氯气；1935 年 12 月，意大利飞机对靠近厄立特里亚边境东北的塔喀什兹山谷集结的阿军，施放了大量催泪性毒气弹和窒息性毒气弹。但使用结果收效甚微。到 12 月末，意军首次将芥子气航弹搬上了战争舞台，这种炸弹形状似水雷，有 1 米多长，里面装了 20 千克芥子气，给阿军以一定伤亡。但在此期间，阿军利用山区进行机动防御和游击作战，不断消耗敌人。

1936 年 1 月，阿军实施反突击，收复了阿比阿迪镇，并使意军一些集团陷入合围，损失惨重。于是意军派出空军大肆轰炸并加大了用毒规模，在战斗中还使用了飞机布洒器，大量杀伤阿军，使成片的和平居民区变成废墟之后，意军才得以解除阿军的围攻。

此后，飞机布洒芥子气很快取代了空投毒剂炸弹，成为化学攻击的主要方式。其中飞机布洒规模最大的一次是在马卡莱城作战时，当时意军已兵临城下，为了迅速攻占该城，意军分别派出 9 架、15 架和 18 架飞机组成 3 个机群，分 3 批进行布洒。霎时，飞机喷出的芥子气毒液，形成淡黄色的毒雾，笼罩了马卡莱全城。几分钟后，毒雾消失了，地面上到处是密密麻麻的小液滴，犹如下了一场短暂的“毛毛雨”。许多士兵、妇女、儿童以及在散放的牲畜都被这场雨给“淋”了，河流、湖泊和牧场也被这场“雨”所浸染。几天后，医院里到处是皮肤起大水泡、溃烂流脓等待救治的人群。到 1936 年 3 月，经救护队治疗的人数每天都在几百人以上，在每份医疗报告中清楚地写着“芥子气中毒所致”。

进入 4 月份以后，意大利空军又对柯勒姆镇连续 4 天布洒糜烂性毒剂，造成和平居民大量伤亡。4 月中旬，在南部战区的奥加登前线，意军又向达加布尔和萨萨巴两个小镇使用了化学武器。

为此，当时阿比西尼亚皇帝海尔·赛拉西致电国际联盟，指控意大利使用毒剂，违反日内瓦公约，要求国际社会予以制裁，并两次向意大利提出抗议。但意大利采取抵赖政策，最后不了了之。

由于阿比西尼亚军民没有化学防护装备，缺乏防护知识和训练，因而遭到化学攻击时造成大量中毒伤亡，抵抗意志受到很大影响。于是意军很快于 1936 年 5 月 5 日占领阿国首都亚的斯亚贝巴。阿比西尼亚的抗战进入游击战争阶段。游击队不断对殖民军的驻地和交通线实施相当规模的袭击。意大利统帅部以 220～250 架飞机投入作战，并继续大量使用毒剂，才陆续击溃阿军游击队主力，但阿游击队仍然坚持斗争，直到把意大利侵略军赶走。

在这场战争中，据统计，意军使用的化学战剂共有 700 吨，其中大部分是糜烂性毒剂芥子气，致使阿军民 30000 多人中毒，其中死亡 1500 多人。航空化学炸弹和布洒器的出现，为化学武器增添了翅膀，拓宽了化学武器的适用范围，使化学武器能够远距离、大面积使用，从而由战术使用走向战役甚至战略使用。

“毒剂之王”的新弟兄

“毒剂之王”芥子气虽然有较好的使用性能，然而也有致命的弱点，那就是中毒到出现症状有一个潜伏期，少则几个小时，多则一昼夜以上。芥子气的使用密度无论多大，染毒浓度不管多高，要使中毒人员立即丧失战斗力是不可能的。同时，芥子气的持续时间长，妨碍了自己对染毒地域的利用。

另外，芥子气的凝固点很高，在严寒条件下就会凝固，呈针状结晶，而影响战斗使用。这样，芥子气的使用时机就受到了限制。路易氏气曾经是作为克服芥子气的弱点而被选入的一个毒剂。它是 1918 年春由美国的路易氏上尉等人发现的。纯路易氏气为无色、无臭油状液体，工业品为褐色，并有天竺葵味和强烈的刺激味。其渗透性比芥子气更强，更容易被皮肤吸收，同时它还有较大的挥发性，很快就能达到战斗浓度。因此，它作用比芥子气要快得多，可使眼睛、皮肤感到疼痛，然后皮肤起泡糜烂，中毒严重的部位会坏死，并且吸收后引起全身中毒。美国在 20 世纪 20 年代，对路易氏气的作用曾作了过高的估计，以致在第二次世界大战一开始就盲目迅速建立路易氏气生产工厂，而没有开展其性能的评价工作。但事实上，路易氏气与芥子气相比，优点不多，缺点不少。路易氏气虽发挥作用快，但蒸气毒性不及芥子气，液滴对皮肤的伤害程度也比芥子气轻。对服装的穿透作用不及芥子气，遇水又极易分解。后来人们尝试着把路易氏气与芥子气混合起来使用，发现两种毒剂非但没有降低毒性，还可以相互取长补短，大大提高了中毒后的救治难度，同时还明显地降低了芥于气的凝固点。于是，路易氏气就成了芥子气形影不离的“好兄弟”。

刺激剂的复兴

刺激剂也称感官刺激剂，主要作用于皮肤和黏膜（如眼、鼻、喉等）

的感觉神经末梢，产生疼痛、流泪、流鼻涕、打喷嚏、咳嗽等一系列刺激症状，使中毒者暂时失去战斗力。刺激剂是最早使用的化学毒剂，在第一次世界大战初期德国和法国就已开始使用，只是当时发现的刺激剂作用力不强，而且它本身不造成什么伤害，所以在战场上逐渐被冷落。以后被许多国家用作驱散聚众闹事人群，又成了警察的武器。但是对这类毒剂的研究各国一直没有中断，在一战后期乃至一战以后，又发现了一些毒性作用更强、性能优越的刺激剂，于是刺激剂这个毒剂家族的“元老”终于重新复出了。

“催泪大王”——苯氯乙酮

苯氯乙酮对眼睛有强烈的刺激作用，当它的蒸气浓度超过0.5毫克/立方米时，暴露不到1分钟即可引起怕光以及大量流泪，因而被称为“催泪大王”。如果毒气浓度更高或暴露时间更长，刺激范围即扩展到鼻子和上呼吸道，引起咳嗽、恶心和鼻涕眼泪一齐流的症状。当离开染毒区，症状又可迅速消除。

苯氯乙酮（CN）纯品为无色晶体，有荷花香味。它具有强烈的催泪作用和良好的稳定性。它不但能装于炮弹和手榴弹使用，而且可以装在发烟罐中使用，主要是通过发烟产生的热量将苯氯乙酮晶体气化与烟一起分散产生效果。

把苯氯乙酮用做毒剂是美国人的发明。事实上，早在1871年，德国化学家卡尔·格雷伯就合成了这一化合物。但在第一次世界大战期间，德国人对刺激剂的兴趣主要集中在喷嚏剂方面，而对苯氯乙酮未做进一步的研究。那时，英国人也发明了苯氯乙酮，但认为沸点太高，不便使用，也未给予重视。美国参战后，于1917年建议对这一化合物进行研究，一年后进行了野外试验，并把这一化合物确定为毒剂。由于苯氯乙酮工业生产的工艺流程还没有成熟，当时未来得及生产，战争就结束了。

战后，美国人对催泪剂方面有了新的兴趣。在20年代，美国化学兵对苯氯乙酮进行的研究比对其他任何毒剂都多。

1921年，美国把一种苯氯乙酮武器交给费城警察局使用，并于第二年在化学埃奇伍德建立了这一毒剂的生产车间。在美国的带动下，其他国家也纷纷开始了苯氯乙酮的研制工作。在第二次世界大战期间，它成为化学武器库中主要的催泪性毒剂。当时，各交战国苯氯乙酮的生产总量达8000吨以上。其中，日本172吨，美国500~1000吨，德国多于7000吨。日本人用它装备了榴霰弹、自行发烟筒和炮弹，并在侵华战争中大量使用了这种毒剂；美国人装备了榴霰弹、毒气罐和一些炮弹；而德国人装备的有250千克和500千克航弹、各种炮弹以及7.92毫米穿甲弹。英国在第二次世界大战中和战前也生产了苯氯乙酮。据说前苏联也有大量生产。

第二次世界大战后，苯氯乙酮继续作为制式军用毒剂储存在许多国家的化学武器库中。美国在越南战争中曾多次使用过苯氯乙酮弹。由于苯氯乙酮特殊的物理和化学性质，特别是它能够和其他物质混合使用，至今仍不失其战术使用价值。

"速效喷嚏粉"——亚当氏剂

大家一定都领受过感冒时打喷嚏的那种难受劲，但是如果在战场上要是让你连续不断地打喷嚏那将会产生什么结果？毫无疑问，这仗肯定没法打。但是，大千世界无奇不有，化学家们通过人工方法就合成了那么一种能使人不停地打喷嚏的毒剂，这种毒剂就是亚当氏剂。

亚当氏剂是美国伊利诺伊斯大学的罗杰·亚当氏少校领导的化学研究小组于1918年初发现的，亚当氏剂因而得名。英国也几乎同时发现了这种毒剂。亚当氏剂纯品是金黄色无嗅的像针一样的结晶体，工业品为深绿色，它产生的毒烟为浅黄色。亚当氏剂不溶于水，微微溶于有机溶剂，在常温和加热条件下几乎不水解。它具有很强的刺激效果，主要刺激鼻咽部，对皮肤也有轻微的刺激作用。在浓度为0.1毫克/立方米的空气中暴露1分钟，就明显感觉难以忍受，在10毫克/立方米的低浓度下，亚当氏剂即可引起上呼吸道、感官周围神经和眼睛的强烈刺激，如果浓度达到22毫克/立方米，暴露1分钟就会丧失战斗能力。如果浓度较高，或浓度虽低但作用时间较长时，则可刺激呼吸道深部。

亚当氏剂起作用像感冒那样多开始于鼻腔，先是发痒，随后喷嚏不止，鼻涕涌流。然后，刺激向下扩展到咽喉。当气管和肺部受到侵害时，则发生咳嗽和窒息、头痛、特别是额部疼痛不断加剧，直到难以忍受。耳内有压迫感，且伴有上下颚及牙疼。同时还有胸部压痛、呼吸短促、头晕等，并很快导致恶心和呕吐。中毒者步态不稳、眩晕、腿部无力以及全身颤抖等。严重者可导致死亡。根据不同的染毒浓度，这些症状通常在暴露5~10分钟后才能出现，而中毒者即使戴上面具或离开毒区，在10~20分钟内，刺激症状仍可继续加剧，1~3小时后才可完全消失。

亚当氏剂中毒最令人无法忍受的是接连不断地打喷嚏，其结果使许多战斗动作无法完成，而且因为空气还没有吸入肺部就被迫喷出来，长时间地喷嚏还会使人呼吸困难、精疲力竭而丧失战斗力。特别是在带上面具后继续喷嚏，由于打喷嚏前总要急速吸气而使呼吸阻力剧增，从而造成憋气，往往不得已脱去面具，从而造成更严重的中毒。因此，亚当氏剂配合毒性更大的通过呼吸道中毒的毒剂使用效果更佳。

在第一次世界大战以后，亚当氏剂及其类似物成了许多国家的科学家们广泛研究的课题。到第二次世界大战时，各国都生产了大量的亚当氏剂。至今它仍然储存在一些国家的化学武器库中。

二战中的“化学梦”

希特勒的秘密武器

1939 年 9 月，德军“闪击”波兰，拉开了第二次世界大战的帷幕。也就在战争爆发后的第三周，不可一世的希特勒在被占领的格但斯克神采飞扬地发表了广播讲话，在讲话中他用威胁的口气说德军已掌握一种令人恐惧的新武器。

施拉德博士的意外发现——杀虫剂塔崩

自 17 世纪磷元素被发现后，人们知道它有剧毒，长期吸入微量的磷蒸气就会引起骨骼退化，特别是牙根坏疽。早在第一次世界大战即将结束时，曾有人考虑将磷化氢用于战场，但这种化合物在空气中很易被氧化而失去作用。后来，有机化学迅速地发展起来，人们按照自己的意图去人工合成的新物质种类越来越多，其中为了制造杀虫剂，人们合成了有机磷化合物，但它成为军用毒剂却纯属“意外”。

格哈德·施拉德博士是德国研制新杀虫剂的科学家，长期以来，他一直在从事寻找新杀虫剂的研究工作，对有机氟化合物有比较系统的研究。

1935 年，他成功地合成了一系列含磷、氟有机化台物，首先是二甲胺基磷酰氟，并发现了它有很强的杀虫活性。以此为起点，在随后的几年里，施拉德博士又合成了大量的有机磷化合物。通过研究他发现，在这些化合物中最有希望作为杀虫剂的是二甲胺基烷氧基取代磷酰化合物。他还发现，当酰基由氟换为氰根时，化合物对温血动物有剧毒。这类化合物的典型代表为二甲胺基氰磷酰乙酯，也就是后来称为塔崩的毒剂。

1936 年 12 月 23 日，他首次成功地合成了这种物质。用这种物质作为杀虫剂，其效力是毋庸置疑的，即使是 1/20 万稀释液喷洒在植物叶茎上，仍能将茎叶上所有的寄生虫全部杀死。

几星期后，即 1937 年 1 月，施拉德着手进行第一次生产性试验。他很快发现，原先他以为这种化合物很可能成为首屈一指的有效杀虫剂，但实际上它却是具有令人极不舒服的副作用的毒剂。正是这个无意的发现导致“超级毒王”——神经性毒剂降临人间。

自从这种毒剂合成之后，施拉德就感觉自己的身体好像出了问题，眼睛在人工照明条件下视力锐减。每当天黑时，就难以在灯下看书，下班后也无法开车回家。他的助手也深有同感，这使他无法解释。他绞尽脑汁找原因，在以后的实验室中注意加倍留意，终于发现问题原来出在他研制的这种杀虫剂上。这种杀虫剂作用太强了，哪怕是极小的、溅到实验台的一滴毒液也可使人的瞳孔缩小到针尖那么大，不仅使视力下降，同时还会使人骤然感到呼吸困难。他俩总算命大，死里逃生。施拉德和他的助手休息三周后，体力和视力就慢慢恢复了，但想起来不免后怕。他俩成为这种毒剂的最早受害者和被“试验”的人。施拉德博士在以后的试验中加倍小心了，同时也进一步证实了塔崩的威力。

在 1937 年春季，他专门做了一系列动物试验，结果是：几乎所有暴露在甚至极微量塔崩中的动物，在 20 分钟内全部中毒死亡。根据德国政府 1935 年颁布的要求，把可能具有军事意义的发现送交陆军部的法令，施拉德博士于 1937 年 5 月把塔崩样品送到军械部化学战局，并当场表演了塔崩的威力，立即引起军界首脑们的极大兴趣。很快，塔崩被德军确定为军用毒剂。于是最初为人造福的杀虫剂变成了专门用于杀人的武器。

在作为军用毒剂的表演中，用作实验的狗、兔子，塔崩中毒之后，几乎全部失去肌肉的控制——它们的瞳孔缩小、口吐白沫、呕吐、腹泻、四肢扭曲抽搐，最后在 10～15 分钟内惊厥而死。之所以纳粹官员要将它作为军用毒剂，除了它的剧毒性（比光气大 30 倍）外，还因为它具有适用于战场的其他优点：它无色无味，不但可以通过呼吸，而且还可以渗透皮肤，使人不知不觉中毒受害，失去肌体的功能；它挥发度低，具有较大的持久性，在常温下，其作用可持续 24 小时之久。这种毒剂明显地比第一次世界大战中使用过的毒剂又前进了一大步。一直过了好几年，德国科学家才弄清塔崩使人中毒的机理：原来它是通过抑制人体神经传导介质中的重要物质胆碱酯酶的活性，产生病理反应，使人中毒。

胆碱酯酶的功能在于通过分解那些使肌肉收缩的化学物质——乙酰胆碱而控制肌肉的运动。如果这种作用受到抑制，体内的乙酰胆碱就会恶性膨胀，破坏神经冲动的正常传导，引起一系列胆碱能神经和中枢神经系统的兴奋—麻痹状态，全身各种肌肉失去控制，表现为人体运动肌及呼吸、排泻系统的肌肉剧烈地颤动，最后因呼吸系统中枢麻痹和心跳停止而死亡。

施拉德的表演给纳粹军界首脑留下了极为深刻的印象。当时德国专门从事毒剂研究和生产的施潘道化学战研究所的头目吕德里格尔上校命令，建立新的实验室来生产塔崩，并准备进行野外试验。施拉德博士由原来供职的法本工业卡特尔化学联合企业被调到鲁尔区埃尔伯费尔德的新工厂工作，继续从事秘密的有机磷化合物的研究工作。1939 年世界上第一家生产塔崩的试验工厂在德国蒙斯特—拉哥建成。后又在西里西亚的弗罗茨瓦夫附近兴建了一座月产 1000 吨塔崩的大规模生产工厂。现代毒剂之王——有机磷神经性毒剂就这样在极端保密的条件下诞生了。

1942 年 4 月至 1945 年初，德国人总共生产了 1.2 万余吨塔崩。第二次世界大战结束时，美国、英国和前苏联瓜分了德国的塔崩库存。美国和英国除留下少量样品供研究使用之外，把大部分塔崩弹药连同其他毒剂弹装到 20 条旧商船上，运到波罗的海，将船炸漏沉入海底销毁。而前苏联不但把分到的塔崩运回国内，而且还掳走该工厂的生产设备和技术人员，在自己国内重新建厂生产。另外，在伊拉克的化学武器库中也有塔崩，并在与伊朗的战争中多次用于战场，造成大量伤亡。

“带水果香味的闪电杀手”——沙林

沙林，学名甲氟膦酸异丙酯，国外代号为 GB。它也是无色、易流动的液体，有微弱的水果香味。其爆炸稳定性大大优于塔崩，毒性比塔崩高3～4倍。由于它的沸点低，挥发度高，极易造成战场杀伤浓度，但持续时间短，属于暂时性毒剂。沙林主要通过呼吸道中毒，在浓度为0.2～2微克/升染毒空气中，暴露5分钟即可引起轻度中毒，产生瞳孔缩小、呼吸困难、出汗、流涎等症状，可丧失战斗力4～5天。作用15分钟以上即可致死。当浓度达到5～10微克/升，暴露5分钟即可引起中毒以至死亡。

沙林也是由施拉德博士发现的。继发现塔崩以后，1939年在德国军方为他提供的当时最先进的实验室里，他又开始研究含有一个碳磷键的含氟化合物，结果发现了比塔崩毒性更高的甲氟膦酸异丙酯。施拉德博士给它命名为"沙林"，这是以参加这种毒剂研制的4个关键人物名字的开头大写字母组合而成的。他们是：Schrader，Ambros，Rudriger和Vanderlind。

施拉德博士认为这一化合物作为军用毒剂的潜力非常之大，于是立即把它送往军械部化学战局进行鉴定，并很快开始了发展工作。但在组织这一毒剂的生产中遇到很大困难。原因是合成毒剂的最后一步总是避不开使用氢氟酸进行氟化，而进行氟化处理就必须解决腐蚀问题。因而在施道潘和蒙斯恃的毒剂工厂都使用了石英和银一类的耐腐蚀材料。后来终于研究出了一个比较满意的过程，并于1943年9月在法尔肯哈根开始建立一座大规模生产厂。但在苏军向德国本土大举进攻时，该厂尚未建成投产。故到二战结束时，实际上只生产了少量的沙林。

令人头疼的"梭曼"

1944年，德国诺贝尔奖金获得者理查德·库恩博士合成了类似于沙林的毒剂——梭曼。

梭曼，学名甲基氟膦酸特己酯，代号GD。它是一种无色无味的液体，具有中等挥发度。沸点为167.7℃，凝固点为－80℃，因此，在夏季和冬季都能使用。其毒性比沙林约高2倍，中毒症状与沙林相同，但又有其独特性能，一是在战场上使用时，它既能以气雾状造成空气染毒，通过呼吸道及皮肤吸收，又能以液滴状渗透皮肤或造成地面染毒；二是易为服装所吸附，吸附满梭曼蒸气的衣服慢慢释放的毒气足以使人员中毒；三是梭曼中毒后难以治疗，一些治疗神经性毒剂如沙林中毒比较特效的药物，对梭曼基本无效。德国人在第二次世界大战期间，因合成梭曼所必需的一种叫吡呐醇的物质缺乏而未能生产梭曼。战后前苏联对梭曼“情有独钟”，在其化学武器库中一种代号为 BP—55 的毒剂就是梭曼的一种胶粘配方。连美国的一些化学战专家也不得不承认，梭曼是前苏联在化学武器方面所做的非常明智的选择。

20 世纪 70 年代以来，美国曾花了很大的力量去寻找所谓的中等挥发性毒剂。但无数实验结果表明，最好的中等挥发性毒剂还是梭曼。

讲了这些，答案也就出来了，希特勒所说的新武器其实就是塔崩、沙林和梭曼这三种神经性毒剂。神经性毒剂的出现，为毒魔家族增添了一支新的生力军，它以无以伦比的剧毒性和速杀性，毫无争议地取代了芥子气而荣登毒魔之王的宝座。同时其良好的理化性质，适用于各种战术场合和目的，它很快成为了化学战的宠儿。而在它诞生的最初日子里，即二次世界大战中一直为纳粹德国所垄断，并成为希特勒的秘密武器。

德军的化学武器库

1933 年，希特勒上台不久，就开始大规模地“重新振兴”德国军备，实行化学战研究、发展的计划。

1934 年，德国在作战司内设立了化学战部门——作战试验第九处，主要负责管理施潘道的中心研究所、部队防毒研究所和在吕内堡黑斯新建的试验机构，以及在拉希卡麦尔附近占地 120 平方千米的试验场。1935 年颁布正式法令，要求把发现的剧毒物质送交化学战研究中心，以寻求更多的新毒剂。1938 年，则下令进行大规模的毒剂生产。1939 年，又在陆军总局内设立了化学部队与毒气防御检查司，海空军也有自己的化学战机构和发展计划。为了能使神经性毒剂尽快投入实战，德国陆军总司令部及装备部奉命与法本公司会谈，随即作出了生产新毒剂塔崩的决定。

1940 年 1 月，在被占领的波兰西部的西里西亚森林里，一座月产 2000 吨塔崩的毒剂生产厂开始动工了。该厂建在奥德河畔距布雷劳恩 40 千米的一个叫迪亨富尔特的地方。该地人称此为“高级工厂”。该厂于1942年中期建成，耗资1.2亿帝国马克。其资金主要来自德军，通过一些专门创办的公司进行筹建，以掩人耳目。这座第三帝国最大、最秘密的化学武器生产厂，占地约2.4千米×0.8千米，雇用工人约3000人。它有6个分厂组成，分别负责生产制备塔崩的中间体、生产塔崩，并将毒剂装填为弹药。该厂戒备森严，采取了各种保密措施，以生产“垂龙洗涤剂”为名，进行秘密生产，并用卡车和火车把毒剂弹从这里悄悄地运出去，储存在上西里西亚的克拉皮兹的地下兵工厂之中。每次这些军用物资总是用东西遮盖得严严实实，使其特殊的标志不易被人发现。

一种物质在实验室合成也许比较容易，但要将它移植到工厂进行大规模生产就不那么简单了，特别是生产毒剂。因此，纳粹德国花了整整两年多时间，才建成了专门的工厂并克服了神经性毒剂生产工艺上的种种问题，使毒剂工厂正式运行起来。但是造价仍然非常高。因为这种毒剂有剧烈的毒性，因此整个工厂都是用双层玻璃密封起来的，玻璃中间有压缩空气，防止毒气外漏；所有的装置在离开工厂时，都要用蒸气和氨水消毒；工人操作时，都要戴上防毒面具，穿上专用防护服——由夹着两层橡胶的布料制成的，每穿10次后就换上新的橡胶夹层。如果有人怀疑自己被毒气污染，他就要把衣服脱下来，放在大型碳酸氢钠溶液洗涤池中加以浸泡。

然而，即使有这种防护，在这里服役的工作人员的健康也不容乐观，整天与死神打交道，而且长年累月被闷在西里西亚森林里，生活也十分单调。

威廉·克莱因汉斯博士是法本公司一位年轻的科学家。1941年8月他被选调到路德维希港参加一个由化学家、工程师组成的工作组，负责人是追随纳粹的大工业家安布罗斯。在一次召集会上，安布罗斯对工作组的每个成员说，你们将到西里西亚森林新建的“高级工厂”工作，去从事一项秘密使命，这是为帝国效力的大好机会，而且还可以免除他们服兵役的义务。于是，就在这年9月，克莱因汉斯踏上了去迪亨富尔特的旅途，临行前，施拉德博士以工程主持人的身份向他道出了实情。他告诉克莱因汉斯：“你们将去研制和生产塔崩和沙林，这是十分危险的工作，那些防毒面具起不了多少防护作用，毒气仍然能穿透侵蚀皮肤。要有献身精神，但还要加倍小心。”和很多人一样，克莱因汉斯在那儿工作没多久，就对那里既危险又乏味的生活厌烦了，并开始为自己的前景感到担忧。

在当时，迪亨富尔德工厂设施算是比较先进的了，但在这里工作的所有人员仍然摆脱不了塔崩中毒的阴影。在这种环境中，对一些干重或轻的体力劳动的人来说，即使防护再周密，可还是会中毒。幸好塔崩中毒很容易就能被发现，因为在这里工作的人都很清楚中毒的典型症状，那就是瞳孔缩小，因此一旦出现这一症状，就及时治疗并赶紧到工厂外去休息一般就会没事。厂里也制定了措施，每隔不长时期给每成员 2 ~ 3 天到厂外的休息时间，以消除毒性的影响。当时发现，高脂肪可以增强对低浓度塔崩毒性的抵抗力。于是迪亨富尔特的全体人员都配给了额外的牛奶和高脂肪食品，以作为“保健防护品”。

尽管如此，工厂里中毒事件仍接连不断。光在投产之前，就发生了 300 多起中毒事件。在正式投产的两年半中，至少又有 10 人中毒死亡。据克莱因汉斯回忆：有一次，4 个管道装配工正在清扫管道，突然大量塔崩残液从管道流到他们身上，他们在尚未来得及扯下橡皮衣之前就在惊厥中咽气了。另有一次，半加仑的塔崩不小心浇到了一个工人的脖子上，两分钟后这个工人就一命呜呼了。在这些中毒事件中，最严重的要数管道泄漏，一大团液态塔崩的蒸气迎面扑向 7 个工人，并迅速钻进了他们的面具，这些人顿时头昏眼花、呕吐，马上脱下了防毒面具，这反而使他们吸入更多的毒气。在抢救时，这几个人都已失去了知觉，其中 2 人还在抽搐，但也不省人事。他们的脉搏微弱，鼻流黏液，瞳孔缩小，呼吸困难，小便失禁、腹泻。尽管给他门进行肌肉注射阿托品强心剂，进行人工呼吸、心脏按摩以及使用防毒面具，7 人中也只有 2 人幸免于一死。而这两位幸存者刚刚恢复知觉就出现了第二次惊厥，在 10 小时之内，又不得不给他俩再次注射强心剂，这才保住性命。死者尸体解剖后，把他们的器官送到了柏林，发现他们的脑和肺大量充血。

这时知情人没有再怀疑塔崩、沙林的毒效了。若用于战场，对付毫无防备的盟军士兵，其威力可想而知。

不久，1943 年 9 月，德国又在柏林东南富滕堡附近的法尔肯哈根动工兴建年产 6000 吨沙林的工厂。

除了大力发展神经性毒剂外，德国还新建了十余座生产芥子气等老毒剂的工厂，分别于 1940 年至 1941 年陆续投产，这使德国的毒剂生产能力得到极大加强。到战争中期，纳粹已拥有一个颇具规模的秘密化学武器库。与此同时，德国的化学攻击部队也在不断扩大。德军以“发烟部队”的名义组建化学攻击部队，装备多管迫击炮及发射架，既可以发射发烟弹、爆炸弹也可以发射化学弹。德军先后共组建了 50 个迫击炮团，共有 4800 余门迫击炮。这支由赫尔曼·奥克斯纳将军任司令的“发烟”部队总人数达 11 万人。以后又专门装备了布毒车、布毒器、布毒罐等化学武器。尽管战争中其他费用开支很大，可德军仍支出数以亿计的帝国马克用于生产和试验毒剂，招募了所有能找到的有关科学工作者。其人数是英国所雇用科学工作者的两倍。德军在化学战的准备上真可谓挥金如土。

希特勒没有使用“秘密武器”的原因

希特勒的本钱没有白费，继发现塔崩、沙林后，又于 1944 年合成了毒性更大的梭曼。至 1943 年，德军已拥有 5 万吨毒剂储备，这相当于当时英、美两家的总和，而到战争结束时，分布各地的庞大的毒剂兵工厂有 20 余个，各种种类的毒剂总储量达到 6.2 万 ~7 万吨，为战前的 5 倍多，其中新毒剂塔崩就有 12000 吨。此外还生产了大量的光气、芥子气、塔崩炮弹、航弹、地雷，并制定了使用化学武器的详细计划。

“万事俱备，只欠东风。”只等希特勒一声令下，这个庞大的化学武器库立刻将显示其巨大威力。诺曼底登陆时，英国元帅蒙哥马利曾把进攻部队的所有防毒设备全部留在了英国。美国上将布雷德利说：“直到盟军登陆结束，也没有出现一缕毒气，我如释重负。如果敌人在海滩施放毒气，哪怕是一点，也会使我们无法立足。”然而，希特勒直到自杀也没能使用他的秘密武器，什么原因使他一改初衷呢？

首先，战争初期，纳粹德国发动的是“闪电战”，以迅雷不及掩耳之势，仅在数月之内就横扫整个西欧，一举占领了欧洲的大部分主要国家，并直逼莫斯科城下。德军的装甲部队跑得太快了，一路拔城夺寨似乎不费吹灰之力，踌躇满志的希特勒一时间还不想用他的秘密武器。况且此时也不能用化学武器。第三帝国的既定战略企图是以机械化部队为主，实施"闪电战"，大纵深迅速推进，在积极主动的穿插进攻中，在运动中消灭敌军，占领当地的战争资源，实现统治欧洲的梦想。而要发动化学战，就必须集结化学攻击的兵力、兵器，补充足够的化学弹药，要花费许多时间进行准备。进行化学战要与被支援部队相互配合、密切协同，高度集中统一指挥。而实战中德军机械化部队往往进展凶猛，插入敌后经常被自己的空军误认为是退却的敌军部队，甚至指挥部都不知道这支部队的去向。这样就影响了部队的机动灵活，使用化学武器就可能造成大面积的染毒，这会减煞德军"闪电战"的势头。

当时德军正式装备的最有效的毒剂是芥子气。它的持久杀伤力，大面积使用后虽可有效地杀伤敌人，但是对推进中经过战场的德军部队同样有害。因此必须停下来进行洗消或穿带防护装具通过。这显然是与"闪电战"的要求格格不入。正如德国化学兵司令奥克斯纳在战后回忆所写的："在这种性质的战争中，使用化学战剂只能降低前进速度，而且会把我们补给勤务的弦拉紧到绷断的地步。"这些成为战争初期德军未用化学武器的重要原因。但不使用并不等于没有使用的机会，例如，德军如果甲芥子气空袭在敦刻尔克受到重创而准备大撤退的毫无防护的英军，不仅可以大量杀伤英军，还能迟滞英军撤退，为地面攻击部队及时到达争取时间。

当"闪电战"受挫，化学武器的优势已经不在德军一边了。1944 年以后，德军丧失了空中优势，而到了 1945 年，纵然还有数千吨可用的塔崩，也没有剩下足够的轰炸机来投掷它了。这时再发动化学战无异于自取灭亡，其结果必然会引起盟军对德国城市的报复，而德国城市的化学防护是极其脆弱的。

尽管那时 3 个最狂热的纳粹头子——鲍曼、戈培尔和莱伊，一次又一次地催促希特勒使用化学武器，可是希特勒还是没下命令。其实在那种情况下，即使他下了命令，部队也不会执行的。莱伊曾在一次密谈中对第三帝国的军备部长阿贝尔待·施佩尔说："我已经听说了，我们发明了一种新毒剂，这对盟军很可能是突然的和致命的打击，元首应该赶快生产、尽快投入战场，此时不干，更待何时？关键时刻到了！你应该促使他认识到这一点。"而施佩尔沉默不语。作为军备部长的施佩尔，心里清楚此时德国使用这种毒剂的能力和严重后果。他已做好准备，一旦希特勒想下达强制性命令使用化学武器，那么他将要阻止命令执行，全力把中间体的原料和储备物资从德国的化学武器工厂转移出去。他已同德国化学兵头子卡尔·勃兰特、国防军副总参谋长克内斯特将军取得一致，如果元首命令发动化学战袭击盟军，他们将亲自阻止执行命令，拦阻军需补给运输。

其次是，德军过高地估计盟军的化学战能力，害怕化学报复。正如丘吉尔首相所指出的："德国人为什么没有使用化学武器？这是因为他们担当不起使用化学武器的代价……他们是怕报复……"纳粹头子戈林在被审判时也承认："德国人惧怕同盟国报复。"至于希特勒这位在第一次世界大战中身受芥子气中毒之苦的二战元凶，这一点恐怕要考虑得更多。大战爆发时，德国专家们认为，由于凡尔赛和约的限制，德国化学工业的优势已不复存在，相反英美苏等国在这方面发展很快，一系列的毒剂施放武器相继问世，可以推断德国化学战能力已落后于盟军。

1943年，希特勒曾在东普鲁士他的司令部"狼穴"里，召见军备部长施佩尔和化学战专家奥托·安布罗斯讨论使用化学武器阻止苏军进攻的问题。安布罗斯一开始就表示，盟国生产化学武器的能力已经超过德国。当希特勒插话说："德国拥有特种毒剂——塔崩，我们德国把它垄断了。"安布罗斯却坚决地摇摇头说："我有充分的理由推断，塔崩在国外已不是秘密。"

随后他进一步指出："关于塔崩和沙林的主要性质早在1902年的技术期刊中就已披露，我们的许多科学家和我一样，不相信英、美的化学家还没有研制出塔崩。另外，在美国，战争一开始，经常刊登在美国学术期刊上的有关神经性毒剂的化合物参考资料，突然不再发表了。这一定是美国当局为秘密生产这种毒剂而查封了这方面的文章。而前苏联，早就以阿·依·阿尔布佐夫的研究为基础，在喀山建立了有机磷化学研究所，我们德国正是利用阿尔布佐夫反应作为我们生产沙林的工艺流程之一。所以，美、苏等国决不会迄今为止仍没有造出塔崩、沙林及类似的神经性毒剂。”希特勒面色难看地转身离开了会场。

化学武器本该在这场历史性的白热化战争中起着决定性作用，然而却都成了“摆设”，包括威力巨大的神经性毒剂一样无所作为。当然当时无论是希特勒还是安布罗斯等德国专家都不会知道，美、苏等盟军缴获德国神经性毒剂的资料时，是多么的惊讶，因为在这以前他们的研究远远落后于德国，根据德国资料，盟国才在战后生产出神经性毒剂。

当初美国当局查封有关文章只是为了不泄漏正在研制中的杀虫剂——DDT的秘密。可见德国当时过高地估计了同盟国的化学战能力，因惧怕报复而未敢贸然使用自己的化学武器。

化学武器的突破性进展

第二次世界大战期间，由于一直存在着化学战的威胁，交战双方各国都以巨额投资加紧了化学战准备，使化学武器取得了突破性进展。

新老毒物的发展

这一时期，军用毒剂的研究取得了突破性进展，主要表现在神经性毒剂的出现和一些老毒剂的改进。

施拉德博士的“意外发现”，使人类化学战上升到一个新的水平。神经性毒剂塔崩、沙林和梭曼的出现，大大提高了化学武器作为大规模杀伤性武器的威力。这类毒剂具有强烈的毒性、快速的杀伤作用，使过去最毒的光气和“毒剂之王”芥子气都望尘莫及。由于这类毒剂以很小的剂量就能达到致死浓度，实现了化学武器小型化，更适合于地面机动作战。同时这类毒剂在使用上也更为便利，它可以装填在各种弹药、器材中使用，能以爆炸法使用，也能以布洒使用，从而满足多种作战需求，使化学武器的用途更广。

除了发现新毒剂外，人们对一些老毒剂进行了改造，使它们重新焕发

"青春"。特别是对氢氰酸的改造上，取得了很大成果。

氢氰酸是一种毒性较高的毒剂，对人的致死量为体重的百万分之一。它首先是由瑞典科学家谢勒于1782年在一种叫普鲁士蓝的染料中分离出来的，据说这位科学家后来因氢氰酸中毒而死。常温下，氢氰酸是一种易流动的无色液体，有比较明显的苦杏仁味。其沸点很低，极易挥发。因此，它是典型的暂时性毒剂。即使毒液滴在皮肤上，也不会中毒，因为它来不及渗入皮肤就早已蒸发掉了。氢氰酸与水互溶，也易溶于酒精、乙醚等有机溶剂中。在常温下，它水解很慢，能使水源染毒，如与碱作用可生成不易挥发的剧毒物质，如氰化钾、氰化钠。

氢氰酸主要通过呼吸道吸入引起中毒。一经吸入，人体组织细胞就不能利用血液中运送来的氧气，正常氧化功能就会受到破坏，引起组织急性缺氧，最后窒息而死，与一氧化碳的中毒机理基本相似。人们称其为血液毒剂，亦称为全身中毒性毒剂。

氢氰酸还有一个显著的特点，就是其分子小，蒸气压大，不易被多孔物质吸附，防毒面具的滤毒罐对氢氰酸的防护效能比其他毒剂要差，靠普通活性炭的吸附能力更差。因此，最初它是被用于对付防护面具而出现的。

早在第一次世界大战期间，法国就曾大量使用过氢氰酸。当时是用钢瓶吹放的，毒剂云团没有到达袭击目标就被风吹散，后来利用火炮发射，爆炸后氢氰酸又会发生燃烧，未能造成野战致死浓度，因而袭击效果很差，使该种毒剂作用没有得到充分发挥。第二次世界大战期间，美国、日本、前苏联都不断研究改进氢氰酸的使用技术。日本、美国采取增大毒剂装填量的方法，在大量毒剂蒸发时吸热，使染毒空气降温，既防止了毒剂燃烧，又提高了毒剂相对蒸气密度，以形成杀伤浓度。为此，日军采用了50千克氢氰酸炸弹，美军却认为炸弹的最佳装填量为500千克。而前苏联则采取在炸药中混入50%氯化钾作为消焰剂的办法，解决了氢氰酸的燃烧问题。德国也曾用飞机布洒器进行超低空布洒氢氰酸的试验，形成了极高浓度的染毒空气，使当时的防毒面具无法防护。由于对使用方法的改进，许多国家又把氢氰酸列入装备毒剂。

此外，战争期间，美国重新对与氢氰酸同一类的氯化氰毒剂进行了全面检验鉴定，进一步证实其具有很强的穿透面具能力。同时对路易氏气重新评价，优化了芥子气的生产过程，并提出了采用胶粘剂及芥路混合使用的新方法。

化学武器施放体系的发展

第二次世界大战期间，基本形成了“空地一体”、远近结合、适合各种作战需要的化学武器施放体系。

在二战之前意大利入侵埃塞俄比亚的战争中，首次使用化学航弹和飞机布洒器便取得明显效果，展示了空军化学武器的威力和作用，促使各国更加重视空军化学武器的发展。飞机数量急剧增长，一战结束时，所有参战国的飞机总共才1万余架，而在二战中仅苏、美、英、德、日5个主要参战国损失的飞机即达25万架，生产的飞机为67.3万架；同时，飞机的载弹量大大增加，英国的兰开特轰炸机和美国的波音B—29轰炸机载弹量均达到10吨，也客观上为使用化学武器创造了条件，这进一步刺激了空军化学武器的发展。于是这类武器的数量迅速增加，仅美国，在战争期间，化学炸弹的数量就增加了40倍，飞机布洒器增加了75倍。而德国则将毒剂储存量的一半装进了化学炸弹。一枚化学炸弹可装250～500千克毒剂，使武器的威力倍增。

为了克服飞机布洒器只有在低空使用才能准确布洒和形成战斗浓度的缺陷，减少来自地面火力袭击的威胁，苏、美等国发明了集束炸弹。苏军最早装备的是AK—2飞机投弹箱，1架轰炸机可带4个投弹箱，每箱16管，每管装15枚小炸弹，每枚小炸弹可装1千克毒剂，外壳是易碎的金属球。通常1架飞机大约可布洒1吨芥路混合毒剂。美国最早的集束炸弹装置是在二战期间为使用芥子气和纵火剂而研制的。它由接合器及炸弹集束而成，炸弹多为227千克（500磅），内装22～88枚不同型号的小炸弹。当集束炸弹从飞机上投下后，经过相当一段距离，集束系统炸开，把小炸弹散布到一个广大区域，然后小炸弹再爆炸，这样就能造成大面积均匀有效的染毒，而避免了1枚大炸弹在弹坑附近的过量染毒。

总之，二战中空军化学武器无论是在使用技术上，还是在规模数量上，都已有了相当大的发展，可谓是“羽翼渐丰”。

由空中我们再看地面，这期间，主要是发展了毒剂筒，改进了化学迫击炮，出现了地面布毒车、布毒器和化学地雷以及多管火箭炮。毒剂筒是通过毒剂和烟火混合物的燃烧生成有毒的气体使人暂时失去战斗力。它比毒剂钢瓶小得多、轻得多，携带方便、使用灵活，是一种可以广泛配备的近战化学武器。日军在侵华战争中大量使用了各种毒剂筒，一般为装填 1.9 千克（内装刺激剂 0.5 千克）刺激剂二苯氰胂或苯氯乙酮的中型毒剂筒（日军称为中型红筒）和重 0.3 千克（内装毒剂 0.2 千克）的小型毒剂筒，还有可以抛射出 500 米的发射毒剂筒，内装苯氯乙酮 0.65 千克。日军通常按每米正面施放 1 个中型毒剂筒的标准使用。

化学迫击炮是在一战中使用的司托克斯迫击炮的基础上发展起来的。它具有比较轻便、对气象条件依赖小、发射速度快、容易造成高浓度毒区等优点。它既可以发射化学弹又可以发射爆炸弹和发烟弹，在不使用化学武器情况下也能发挥作用。因此，战争期间，许多国家都发展了这种武器。如德国的 40 式 105 毫米化学迫击炮，它是一种从尾部装填的滑膛炮，并带有橡皮轮的炮架，在近距离内可由炮手搬运，远距离时可用汽车输送。战斗状态全重 785 千克，最大射程 6.2 千米，射速为 8～10 发/分钟，使用弹药有发烟弹、化学弹和爆炸弹，弹重约 11 千克，美军大量装备了 4.2 英寸（106.7 毫米）迫击炮。日军化学兵的毒气队也主要装备迫击炮，一个迫击炮大队装备迫击炮 36 门，进行化学袭击时，在 1 分 20 秒内，可覆盖 0.12 平方千米。

此外，有些国家还装备了地面布毒车、布洒器和化学地雷。如德军的地面布毒车是把装料桶装在履带式汽车上，容量为 900 升，毒剂受压缩空气的作用，由装料桶内喷出。布洒宽度 3～18 米，当布洒宽度为 12 米时，可使 1 千米长的地带染毒，或使（12×10^{-3}）平方千米的地面染毒。日本的 94 式布毒车可装填芥路混合剂 420 千克，布洒宽度 8 米时，可使纵长 1 千米的地带染毒。苏军有一种装甲履带式布毒车，可装 3 吨毒剂，既可地面布毒，又可吹放毒气，它可利用装甲的防护和履带的机动冲入敌人阵地的上风方向施放气体和雾状毒剂。化学地雷通常用于布毒车不能通行的地区。

诸地雷中尤以德国的最为先进，德军的化学地雷可用定时或通电引爆，引爆后，雷体内的抛射药起作用，可将毒剂容器由雷壳内抛到6～7米高的空中爆炸，毒剂均匀地分散下落，造成地面染毒；该种雷可装10升毒剂，可使(3～5) $\times 10^{-4}$平方千米的地面染毒，染毒密度在100克/平方米左右。

早在第一次世界大战时，火炮已成为发射化学弹药的主要工具，但由于炮弹的毒剂装填量很小，通常需要大量火炮一起发射才能造成足够的致死浓度，然而，火炮一多，目标也就大了，敌方就很容易判断而及时进行防护，并组织火力先发制人。为了克服这个矛盾，出现了多管火箭炮和多管迫击炮。

前苏联卫国战争时期，大显神威的“喀秋莎”火箭炮就是其中之一，它最初就是被设计用来施放毒剂弹的。它一次能发射16枚带尾翼的火箭弹，可杀伤（15.8×10^{-2}）平方千米的有生力量。尽管在战争中发射的不是化学炮弹而是普通炮弹，但其巨大威力已足以使德军闻风丧胆。

德军在战争期间则大量装备了多管迫击炮和多管发射架，主要型号有：41型150毫米6管迫击炮；41型280/320毫米6管迫击炮；42型210毫米5管迫击炮以及43型6管迫击，德军41型280/320毫米迫击炮炮；42型150毫米10管装甲迫击炮和40型280毫米4管重型发射架；41型320毫米4管重型发射架等。美国也曾试验24管、48管和56管的7.2英寸火箭发射器。英国研制有5英寸多管化学火箭发射器。由于没有爆发化学战，后来它被作为防空武器使用。

二战后化学武器的研究

纳粹德国大量的神经性毒剂使盟军大吃一惊，美、英、加三国再度联手，旨在拥有这类毒剂，研究一再兴起。在几经波折中，诞生了超级毒王“VX”，“人道武器”也呱呱落地。

三国联手研发

当盟军从纳粹德国手里缴获大量神经性毒剂时，神经性毒剂的巨大毒性使他们大吃一惊，世上竟有如此厉害的毒物！在惊叹之余，他们马上想到的就是：我们也要有这种毒剂。

二战后，原前苏联投入大量化学战专家进行研究，由于前苏联缴获的资料比较全，因此很快合成了塔崩、沙林和梭曼，并投入了生产。

而英、美、加三国则采取共同研究联手开发的形式，在1945～1946年的一系列会议上建立了正式的合作关系。其实三方在化学战研究上进行合作在二战时就已开始，曾合作研制对付纳粹神经性毒剂的新的防毒面具和侦检毒剂的装置，以及能够对神经性毒剂起防治作用的药物。三国化学战中心的研究计划工作协作得非常密切，英国科学家可能仍然拥有最多的技术；但美国的经济受到战争的影响较小，因而它可为制备神经性毒剂提供资源；加拿大则自愿提供阿尔伯塔省的萨菲尔德2590平方千米的土地作为盟军新武器的试验场。这次合作是顺理成章的事。事实也是这样，第二次世界大战以后的一段时间，化学武器发展就是：由英国首先发现新毒剂，然后由三方协定中的伙伴把它研制成武器。

1947 年三国签署了一项协定，称之为三方协定。一位前美国化学兵领导人说："我们什么都互相通报。……每个国家负责研究一个如神经性毒剂那样的专门的研究领域。各自对所承担的专门研究课题进行研究工作，次年回来汇报。"这样的安排很有吸引力，因为这意味着每个国家都可以分享一个广阔的研究领域的成果，而不需要付出额外的代价。这个协定对加拿大特别有利，因为它分享这些研究成果主要是因为它提供了一块一望无垠的大草原作为英美新武器的试验场。实际上，正如一份加拿大官方记录上所说的，到了 1950 年，"在自由世界中进行的化学战剂野外试验大多数都是在萨菲尔德进行的"。

三国代表每年集会一次。会议上各国代表汇报上次会议上指定的研究课题的研究情况，定期的人员交流促进了内部意见的交流。美国的埃奇伍德兵工厂和英国波顿研究所的科学家一年或更长一些时间定期调换一次岗位。这种安排一直继续到 20 世纪 80 年代。

英国人很快通过试验证明纳粹的三种毒剂，沙林的威力要比塔崩大好几倍，而梭曼又比沙林强。由于制备梭曼所需的原料吡呐醇很难合成，认为不容易大规模生产，他们便把主要精力放到了具有中等毒性的毒剂沙林上，开始了一系列试验以进一步测定沙林的威力和其他性质。

1949 年，英国人开始用动物做试验。他们在波顿建立了一个特别农场，以繁殖研究工作中所需要的动物。初期，他们在波顿用沙林使老鼠中毒。后来，在波顿实验室，他们把猴子放在笼子里，使神经性毒剂的蒸气飘到它们身上。空军上尉威廉·科恩斯是一位年轻的英国空军军官，他名义上是附近博斯科姆贝当的空军基地人员，而实际上是在波顿工作。后来他追述了 1952 年他所看到的情况：在波顿地区有人把黑猩猩、山羊、狗和其他动物拴到树上，然后用从德国缴获的神经性毒剂炮弹向这些动物发射。他本人也在一次试验中中毒，尽管被救活了，但得了很严重的后遗症。他被命令退役，结束了英国空军生涯。波顿的武器研制部门，以纳粹的神经性毒剂为基础，积极为英国陆军研制新的化学武器。他们试验过几十种可用来施放毒气的武器，如迫击炮弹、航空炸弹和航空布洒器等。虽然装填的都是无害的毒剂代用品，但是无害的代用品要是飘到试验区外的住宅及厂区也会招来许多麻烦。于是他们就想到去非洲殖民地做实验，那里会“安静”得多。

1951年末和1955年初，波顿的20名专家定期到西非工作。每次总要呆上3个月时间。他们进行了一系列的试验，其详情直到30年后仍秘而不宣。在第二次世界大战期间，除美国的盟军试验场外，英国还在加拿大、澳大利亚和印度试验过化学武器。英国人的这项研制工作进展十分神速，他们很快制成了25磅（约11.34千克）的炮弹、5.5英寸（13.97厘米）的舰炮炮弹、迫击炮弹和装在大型航空“集束炸弹”中的小炸弹等。

但是英国人似乎更注重研究和评价工作，波顿的科学家们又做起了用人当“豚鼠”的实验，以测定神经性毒剂的威力。到1953年，有1500多名英国军人自愿参加了波顿的试验。然而，这一年的5月有一次试验发生了意外。空军二等兵罗纳德·麦迪逊与诸多试验者一样，科学家将一滴沙林液体置于他的手臂上，试验这种毒气在渗透衣服、皮肤、侵入神经中枢以前会不会蒸发掉，然后把手臂罩上，防止液滴蒸发，使液滴透过皮肤。他承受了先前的试验者从来没有过的大剂量毒液，结果当即死亡，尽管周围站着几个世界上最权威的化学武器专家，但是他们都束手无策。

对于麦迪逊的死，波顿对外谎称其是对神经性毒剂“异常敏感”所致，用志愿者做实验的工作停止了半年之后又继续进行。为了制备神经性毒剂，英国在北科尼什海岸选择了一个偏僻的悬崖峭壁顶部地区。处于峭壁高处的南希库克看来是个理想的地方，它离居民区很远，而且如果毒剂意外泄漏，也很可能向大海飘去。出于很多相同的考虑。此地也可以变成大众度假的好地方，只是一道高墙把基地和好打听的游客隔开。国防部后来把南希库克的工厂说成是“以防万一英国需要报复，作为一种威慑力量的设计操练之地”。这个“设计操练之地”在1953年曾每小时制备6千克的沙林毒剂。但英国从来没有大量地制备过神经性毒剂，这一方面是由于第一次世界大战留下的恐怖还记忆犹新，另一方面也是由于他们支付不起制造这种新武器所需的费用。有一阶段还曾向华盛顿紧急呼吁，要求美国尽快向他们提供神经性毒剂，直到南希库克能全面生产为止。

位于环境优美的科尼什海岸上的南希库克兵工厂只制备过15吨的神经性毒剂，这些毒剂主要用于当地及波顿的研究工作。这个工厂是一个“中间试验厂”，如同生产芥子气的萨顿·奥克兵工厂一样。直到最后，英国人也没有像美国盟友那样建立起一座大规模制备神经性毒剂的工厂。

当英国人在继续做研究工作时，美国人已决定尽可能地生产沙林炮弹和炸弹。初期试验工作是在马里兰州的埃奇伍德兵工厂进行的，但很快化学战专家就发现需要更多的地盘。他们决定起用达格韦试验场。这个试验场原是第二次世界大战时的一个停止使用的基地。它位于犹他州峡谷附近的一个偏僻角落，靠近颅骨谷地的印地安人聚居地。正是这个地方，美国弹药专家曾建起过完整的日本式和德国式的村落，以试验盟军的新型毒气炸弹。

战争结束后，这个基地被指令“停止使用”。1950年又重新征用。楼房承包商来和他们洽谈业务，购置、租借了一些地皮，使达格韦试验场的面积在原有基础上进一步扩大，他们还拟定了一个新的行政区和住宅区的计划，以容纳数千名科学家和军人。与此同时，其他一些研究机构也开始工作。在巴拿马运河区，他们做热带条件下的神经性毒剂试验；在阿拉斯加和格陵兰岛，他们做严寒条件下的试验。

在制备沙林毒剂时，美军又遇到了问题，原因是制备沙林所需的化合物甲二氯膦酰超出民用化工厂的生产能力。在获得亚拉巴马州纳西盘地当局的准许后，为解决这一问题，他们建起了自己的工厂专门生产这种物质。到1953年，该厂已开始大量生产，并把产品从陆路运往落基山兵工厂。落基山兵工厂是一群看上去普普通通的楼房，在科罗拉多州的丹佛东北16千米处。在这儿完成神经性毒剂的最后制备工作。在20世纪50年代中期的冷战期间，该厂制备了1.5万~2万吨沙林。把沙林装填到武器中去不用多长时间。

到60年代中期，美国武器部队已装备了多种装填有神经性毒剂的武器：炮弹、火箭弹头以及从小“子弹”到227千克的“湿眼”炸弹。

由于经济问题的日益严重，为节省大量研究资金，1956年英国国防部做出决定：在研制化学武器40年之后，放弃毒气的研制工作。此后，英国将注意力集中在对化学武器防护的研究上。

然而，就在英国政府做出决定两年后，即1958年9月，英国波顿研究所的代表和他们的美国、加拿大同行在加拿大召开了三方会议。会议的摘要如下：

"三国在许多问题上观点一致，其中包括下列问题：一是应当继续研究有机磷化合物（神经性毒剂），尤其要加强研究那些可能提高作用速度和中毒后难治疗的毒剂；二是三国都将集中研究失能剂和致死剂。"

由此可见，英、加两国虽然都正式宣称只从事单纯防护研究，但仍在继续研究新的化学武器。他们辩解说，应该研究"需要进行防护的那些新武器"。

"V"类毒剂

第二次世界大战后，由于公布了施拉德博士的工作，一些杀虫剂制造商和研究机构都纷纷步施拉德博士的后尘。在整个欧洲和美国的工业研究部门中，有机磷化合物的研究工作得到了迅速发展。

1952年，英国化学工业公司植物保护实验室的化学家也试图研制一种新的杀虫剂。该公司有个名叫拉纳吉特·戈施的化学家发现了一种物质。这种物质具有极大的毒性。它不仅能杀死害虫，还可能致人于死地。戈施博士把一份样品及其化学分子式一并寄给了波顿研究所。

戈施博士发现的新毒物比德国的三种毒剂更重、更黏，看上很像机油。波顿的化学家们研究发现，虽然它在外观上和德国的神经性毒剂不一样，但它具有神经性毒剂同样的毒害方式和毒害作用。它可以干扰控制肌肉运动必不可少的酶，看来是一种很有威力的毒剂。

同年，在三方交流会上，英国代表通报了这一新的研究成果。加拿大似乎对此不感兴趣，美国却如获至宝。埃奇伍德的化学家对戈施博士发现的物质进行了改造，更换了分子中的一些基因，随即很快制备了一系列类似的化合物，他们称之为"V"类毒剂。与德国的三种神经性毒剂相比较，

V 类毒剂具有毒性更高和皮肤渗透性特别强等许多优点。其毒剂比最毒的 G 类毒剂还要高出 5 ~ 10 倍。通过呼吸中毒，V 类毒剂具有与 G 类毒剂相同的速杀作用。而通过皮肤中毒，它的作用更快，剂量也更低。只要有一滴 V 类毒剂落在裸露的皮肤上，即可迅速引起中毒死亡。它的稳定性好，持久度高，必要时又可以分散成高浓度的非持久性的气溶胶状态。用于污染地面，其效力远远超过芥子气。如果说 G 类毒剂表明化学武器适用于机动的地面战斗的话，那么 V 类毒剂则表明在某些阵地战条件下，化学武器也可以成为最有效的作战手段。正是由于这些特点，使得 V 类毒剂后来居上，成为毒剂武器库中的一张王牌。

美国人又对 V 类毒剂进行了筛选，选中了其中一种毒性极强又很适合战斗使用的毒剂作为装备毒剂，这种毒剂就是“VX”。现已清楚，“VX”学名是 S—2 二异丙胺基乙基硫代甲基膀酸乙酯。

英美两国为确定如何生产 VX 的问题而共同进行了一系列的试验。英国的康沃尔的南希库克基地的科学家最先找到了可靠的生产工艺流程。但到 1956 年完成生产工艺时，英国政府已决定放弃化学武器的研制工作。根据三方协定的条款，英国把生产工艺的研究结果转让给了美国。美国人选择了印第安那州的一个旧的重水工厂作为它准备开始生产 VX 的地方。这个地方位于新港，在特里霍特以北几英里处。在第二次世界大战期间，盟军曾计划在这儿大规模生产炭疽类细菌炸弹。远远看去，新港的新工厂平平常常。它的一个主要特征是一座十层高的塔，塔体连着 64 千米长的管道，就在这儿完成 VX 的最后生产步骤。在一个较低的建筑物中，人们把油状液体装进火箭弹、炮弹和炸弹之中。

新港工厂有 300 名左右的工人，每个工人在雇用前都经过严格的体格检查。生产塔的检验员每 90 分钟取样一次，判定毒剂的致死纯度。他们在取样前都要戴好防毒面具、穿好防毒衣。工厂规定他们要定期做血液化验，一天要洗三次淋浴。

新港工厂的建筑费用达 800 万美元，由纽约食品机械化学公司为五角大楼代管。到 1967 年，它已经生产了将近 5000 吨 VX 毒剂。从此，新一代化学武器进入美国军火库。他们把 VX 毒剂装填进了地雷、炮弹、航弹、喷洒器，后来甚至是战术导弹之中。不到10年的时间，一种有潜力的英国杀虫剂一跃而为美国武装部队中最有威力的化学武器。前苏联也一直在极端秘密的情况下从事V类毒剂的研究和发展工作。至于它是否生产和装备了“V”类毒剂，至今仍讳莫如深。

失能剂问世

20世纪50年代末期，美军为战争准备了大量神经性毒剂，因此，着手教人“热爱这种毒剂”。在50年代人的记忆中，毒气仍是一种骇人和恐怖的武器。一听到“毒气”这个词，人们很快就会联想起一幅惨景：失明的人在肮脏的野战医院中慢慢痛苦地死去。

美国军方企图操纵舆论，使舆论界承认化学武器。为此，他们采取了一系列行动，如：化学兵高级军官向一些经过选择的团体发表私下讲话；退役不久的化学兵人员撰写文章；向那些可能持同情态度的记者提供不得发表的简报；原来保密的文件也泄露给某些报纸等。力求宣传前苏联大量储存化学武器，而西方的化学武器储存却少得多的观点。

为了赢得更多的支持，美国军方还拿出第二次世界大战中硫磺岛之战的例子，向美国公众舆论宣传说，在这次战斗中有6000名陆战队员丧生，1.9万人受伤，如果当时使用了毒气，就可以挽救那些在硫磺岛丧生的美国军人的性命。

然而，这些宣传似乎都没有效果，倒是在一篇文章中谈到的“人类现在面临着在战争中避免死亡的可能性”及新闻报导中前化学兵司令宣称的“我认为，毫无问题的是，人类历史上第一次出现——甚至很可能——战争将未必意味着死亡”引起了人们兴趣。美国化学兵好像找到了什么，他们开始行动了……

怪事！猫会怕老鼠？

你听说过猫怕老鼠的故事吗？1958年12月3日，在美国纽约的一个会议上，美军化学兵放映了一部有关“猫和老鼠”的影片，讲的就是猫怕老鼠的怪事。电影开始，在一个实验箱里放着一只凶猛的猫，可是当向箱里通入一种烟，凶猛的猫很快变得软弱无力。然后将一只老鼠也放入箱中的猫面前时，猫不但不跃上去捕捉，反而产生各种惧怕行为，左避右闪，十分惊慌，吓得全身发抖或转身逃窜。捕鼠能手怎么变成了惧鼠的懦夫呢？原来，这是美国为证实一种毒剂的效能，特意进行的一次实验。这种毒剂就是我们所说的失能性毒剂毕兹。当时美军将发现这种毒剂的报导首次公诸于世，立刻引起了全世界的轰动。

其实失能剂早已有之，在中国古代小说中，我们常常读到用蒙汗药把人麻醉的故事，而且也是暂时性的失能，这种蒙汗药就是古代的失能剂。而关于研制现代意义失能剂的想法则是由英国人提出来的。

早在 1915 年，英国的一个专利申请书中就曾写道："为了使敌军士兵失去有效的抵抗，没有必要使他们受到永久的伤害。毒气或窒息性气体已被用于战场。但是，使用这种通常有着永久伤害效应的毒剂，显然是不符合人道原则的。现在，本发明建议使用这样一种粉末或蒸气，在它的作用下受害者或精神暂时失能，或身体暂时瘫痪，从而使其暂时失去抵抗力……"

然而，这一设想并没有引起军事当局的兴趣。因为当时他们寄希望于毒剂的是要能杀死更多的人。最能代表这种指导思想的是英国军事当局的观点。英国军事评论家霍尔丹曾描述了这样一次对话。

1915 年，当一位化学家向军事当局建议在战争中使用芥子气时，一位将军问道："它能杀死人吗？""不能。"化学家回答说，"但是，它能使大量敌人暂时失去战斗力。""那我们不要，"这位将军说，"我们需要的是那种能置人于死地的东西。"事实上，第一次世界大战中以及战后化学毒剂的研究和发展也正是按照这种思想进行的。人们通过各种途径在寻找毒性越来越高的毒剂。在一个相当长的时期内，失能剂还只是科学幻想作品的题材。

到了 1952 年，美国一个叫彼尔的化学家在研究治疗痉挛药时，发现了二苯羟乙酸酯类的物质有明显的致幻作用。这一信息被美国化学兵得到，他们很快就开始研究失能剂。美军这项研究主要靠地方大学与各企业的研究单位。1957 年阿布德系统研究了二苯羟乙酸哌啶酯及其类似物，也发现了这类化合物有不同程度的丧失行为定向力的效应。他接着研究了一系列化合物的生理效应与结构之间的关系。不久，其他类型的失能剂也陆续被发现。每年有上百种化合物可供筛选。美军埃奇伍德兵工厂为此专门成立了毒剂筛选研究室。美军对研究失能性战剂表现出极大的重视和热情，这既有军事上的原因，也有政治上和技术上的原因。而政治上的原因更为突出。由于二次大战后，世界和平运动的高涨，加之化学、生物武器的研制受到舆论的强烈谴责和部分科学家的抵制，形成了一股政治压力。在这种背景下，一种只会暂时失去战斗力而不引起死亡或永久性伤害的毒剂的发现，使美国政府很感兴趣。

于是，美军在1958年至1959年开展了一场大规模宣传运动，竭力宣扬这是一种“人道武器”，将会出现“没有死亡的战争”。“猫怕老鼠”的表演则把这一宣传推向了高峰。人们的想象被这些宣传搞得膨胀起来。于是，不仅在美国，而且在欧洲的一些出版物中，也开始充斥着关于“没有死亡的战争”的言论。与此同时，美国化学兵当局也积极行动起来，组织了一个所谓“蓝天作业”，投入大量经费，与许多研究机构、大专院校及公司企业建立起广泛的协作关系，以加速失能剂的研究工作。据不完全统计，参与这一工作的著名院校和公司包括加利福尼亚大学化学系、加利福尼亚大学医学院、芝加哥大学药理系、特拉华大学、衣阿华大学、麻省理工学院、华盛顿大学、威斯康辛大学、弗吉尼亚大学、马萨诸塞大学、壳牌发展公司等。

20世纪60年代初，美国生产出第一种失能剂毕兹，并装备了部队。就这样，毒剂的一个新品种——失能剂被正式纳入化学武器库。

毕兹——一种并不成熟的失能剂

毕兹是一种美国斯顿拜克和凯泽于1951年首次合成，1961年前后成为美军装备的制式毒剂。毕兹是一种中枢神经系统抑制剂，同时具有精神和躯体两方面的作用。暴露于毕兹气溶胶中半小时后，就会开始出现中毒症状，4~8小时达到高峰，并持续4天才消失。在最初4小时内，中毒者的鼻、口及喉部有焦热感，皮肤干燥，潮红，可达到木僵状态。也可步态蹒跚，摔倒在地，说话声音不清楚，也不能准确地回答问题。在以后的4小时之内，中毒者感到定向力严重障碍，出现幻视和幻听，不能走动，记忆力减退，以后逐渐恢复正常。除吸入中毒外，毕兹也能通过皮肤吸收中毒，不过剂量要高得多。曾有过操作工人因使用破损手套而中毒的报道。

毕兹作用很强，其气溶胶吸入的半失能剂量约为110毫克·分/米^3。毕兹为白色无嗅固体，难溶于水，易溶于苯、氯仿等有机溶剂。常温下很难水解，加热、加碱能使水解加快。与酸作用则生成有毒物质，易溶于水，能使水长期染毒。可装入炮弹和航弹内使用。美军可供使用毕兹的武器包括飞机用的集束航弹和线形分布的子母弹释放器。这些武器还可以和布洒毕兹用的小型分散气溶胶发生器结合起来使用。此外，美国储存有一些散装的毕兹毒剂，但数量有限。

越南战争期间，美军将BZ（毕兹）秘密运往越战前线。那时美军装备的BZ毒剂炸弹有M44型，重约78千克；M43型，重约344千克。每架战斗机可载M44型BZ炸弹10枚，能造成1平方千米的地域染毒。战争期间曾多次报道美军使用了BZ毒剂，尽管美军矢口否认，但从各界舆论反映和越南受害者的症状判断，无可置疑地表明美军使用了BZ。

1966年，法国记者报道，这年3月，美军在“白翼行动”中，对越军作战时，空中机动部队使用了3000枚装有BZ的手榴弹。根据越南民族解放战线一方揭露，从症状、情节判定美军多次使用了BZ。

1965年5月13日，美军在宿庄省永州地区首次使用BZ毒剂。当时美军先以1个营对越军地方部队1个连的驻地进攻未逞，又以3个营的兵力进攻也遭到失败。于是，美军从阵地后撤300米，向越军空投一个毒剂桶。此桶着地后从两端冒出淡黄绿色烟，致使越军1个排中毒，症状为催眠、昏睡。美军占领阵地后，将该排人员枪杀、刺死。但有1名越南士兵因在地洞内中毒，未被发现，从15日昏睡至18日才清醒，返回营房后报告了遭受袭击的情况。

又如1969年8月，越军攻占了十八号公路上美军占领的高地后，美军以BZ毒剂弹向该高地炮击和轰炸，爆炸时有白、蓝烟雾。美军乘越军中毒昏睡时，攻占了阵地，将守军士兵全部刺死。同时，另一高地也遭到化学弹袭击，阵地上的高射机枪射手和通信兵未戴面具者也发生催眠、昏睡现象。

再如1970年2月，越军某防空阵地遭到了化学弹袭击后，未戴防毒面具的士兵中毒，在催眠作用下竟停止了对空射击。尽管美军在越战中使用了大量的BZ毒剂，并取得了一定战果，但使用中也发现毕兹的性能并不理想，尤其是使用效果难以预测。中毒者的个体差异很大，在大多数中毒者受到抑制、变得萎靡呆滞的情况下，也有的中毒者变得更加兴奋、狂躁，这就达不到失能的目的。另外，其制造成本比较昂贵。因此毕兹仍是一个不够成熟的毒剂。

20世纪60年代，前苏联对于这类化合物也进行过广泛而深入的研究，并且也发现了它的失能作用。

追求完美——失能剂的研究仍在进行

由于现有的失能剂与当初想象的要实现“没有死亡的战争”仍有很大的差距。因此各国化学战机构仍在努力研究，以寻找更好的失能剂。其中尤以美军为甚，他们在这方面投入了大量的研究经费，1971～1972年，失能剂的研究经费甚至超过了致死剂。

20世纪50年代，美军主要研究的是精神失能剂，60年代以后又转向研究躯体性失能剂。美军对寻找的新失能剂有严格的技术要求：一是作用强，其失能剂量应低于0.01毫克/千克，失能浓度应低于100毫克·分/米^3，其作用应主要改变或破坏中枢神经系统调节功能；二是应具有几个小时或几天的作用时间，而不是短时间或瞬时的作用；三是除了在超过有效剂量许多倍的情况下，一般不会危及生命，也不会产生永久性伤害，其安全比应大于100，在战场上作用时的实际死亡率不超过2%；四是要能够大量生产供应。按照上述要求，美军曾对可能造成失能机制（例如昏睡、麻醉、瘫痪、呕吐、震颤、低血压、体温失调、暂时失明、致幻等）和具有上述作用的各类药物（如致幻剂、强效安定剂、强效镇痛剂、肌肉松弛剂、麻醉剂、抗胆碱能药物等）进行了广泛的研究和筛选。试验过的化合物数以万计。尽管早在60年代，美国就预言，到70年代将会有一系列失能剂供指挥员选用，但时至今日，都未见报道有比毕兹更好的失能剂装备部队。

研究失能剂存在着许多困难和问题，最突出的有两条：第一，高效与安全的矛盾不好解决。失能剂是只使人失能而不伤人，但要达到高强度的失能作用又有较大的安全范围，就不太容易办到了。第二，生产成本过高。比如60年代，美军生产芥子气的成本为0.1美元/千克，沙林为3美元/千克，VX为5美元/千克，而毕兹的成本为44美元/千克，远远高于一般毒剂，这样的成本不适宜大规模生产。通常能够作为失能剂的化合物分子都比较大，结构较复杂，还应有一定的立体构象，因此合成和生产都较为困难，成本也就很昂贵。由此看来，要找出一个理想的失能剂来装备部队，实非易事，恐怕也不是短期内所能办到的。

但是不管怎样，失能剂的出现和发展，使化学武器库中增加了一个新的品种，它独特的作用机制，多少改变了化学武器狰狞的面目，已引起各国的关注。

当代化学武器最前沿

经历了几十年的风风雨雨，化学武器已有了飞速的发展，成为现代战争中不可忽视的武器，这远非当初氯气钢瓶所能比拟的。然而，“魔法无边”，各国化学武器专家仍在研制更先进、更具威力的武器，同时还在分散和使用技术方面作深层次的研究，以充分发挥其潜力。

“毒刺飞弹”的诞生

1944 年初秋的一天夜晚，英国伦敦的居民们应付了一天紧张的战事后大都进入了梦乡。次日凌晨两点，一阵刺耳的防空警报声过后，人们还来不及进入地下室和防空洞，周围便响起了猛烈的爆炸声，巨大的声音使居民异常恐惧，惶惶不可终日。伦敦的部队奉命进行对空还击，一阵猛烈的炮火之后，却丝毫未见有击中敌机的迹象，这是防空军事史上所罕见的。数天后，一份来自东部防空观察站的报告说，他们在新近一次空袭中发现两架形状奇特、不明国籍的飞行物向伦敦市区俯冲，身后拖着长长的火光，最后直接坠到地面剧烈爆炸，并未发现有人跳伞。这个不明飞行物到底是什么呢？这令盟军最高将领大感震惊。不久才明白，原来是希特勒精心炮制的“V—1”和“V—2”型导弹。尽管这种弹由于当时技术比较粗糙，命中精度很低，但这个从几百千米之外飞来的巨大爆炸物，确实给盟军以强大的精神震憾，同时为了做好防护，英国就有近万人参与对导弹跟踪观察和负责报警。大量的导弹还是不停地往下落，以致英国首相丘吉尔都萌生了动用化学武器报复的念头。由此可见导弹之威力。

导弹的问世，使化学战专家很自然联想到，能不能把导弹作为发射毒剂的一种工具？如果能做到这一点，就能使“毒魔”的臂膀进一步延伸，而且可以“发射后不管”，增强突防能力，并避免飞机布洒时被击落的危险，同时可以给敌方造成更为沉重的心理负担，其产生的效应将是多方面的。当然我们现在很难想象，要是希特勒在其“V”型导弹里装的是毒剂，伦敦的情形又将如何呢？

于是专家们开始了研究，最初的化学导弹弹头是设计成整体型的，即导弹弹头里整体灌装毒剂，在目标上空数百米或千余米高处通过引信和装药使弹头炸开，毒剂被分散成液滴沉降至目标区，构成大面积染毒。但它仅适用于装填挥发度较低的胶黏毒剂。而且经实验表明，作用效率比较低，还不如装烈性高爆炸药威力大。结果后来又研制成了子母弹型化学弹头。这种弹战斗部是一个大的母弹，里面装有许多子弹，每颗子弹由弹体、毒剂、炸药、引信及翼片等组成，战斗部在目标上空预定高度释放出子弹，散布到目标区着地爆炸，毒剂被分散成蒸气、气溶胶或液滴，构成空气或地面、物体表面染毒，从而扩大了化学导弹的杀伤范围。

美国的“长矛”导弹

“飞毛腿—B”型导弹

目前，许多国家都掌握了在导弹弹头中装填毒剂的技术，装填的导弹主要是战术导弹。前苏联的“SS—12”战术导弹、美国的“长矛”导弹都装备有化学弹头，伊朗和伊拉拉克向前苏联购买了“飞毛腿—B”型导弹，经过改装后，也都可以发射化学弹头。在海湾战争中，伊拉克曾不断向以色列、沙特发射“飞毛腿”导弹，结果闹得两国“鸡犬不宁”，只要一有导弹炸落，首先就得戴面具，生怕里面装的是毒剂。

二元化学武器的兴起

1969 年 11 月 24 日，法新社发自纽约的一条电讯称：“美国已研究成功由两种无毒的化学品装配成的化学航弹。两种化学品装在炸弹的两个密封室内，当炸弹落下时，它们相互混合，产生出神经性毒剂。”随后又出现了关于研究成功这类炸弹的报道。

这就是后来被称为“新一代化学武器”的二元化学武器。所谓“二元”，就是说，在这种弹药内不直接装填毒剂，而装填可生成毒剂的中间体，即把两种或两种以上的液体或固体分装于弹药飞行中由隔膜隔开的小室中。发射时，隔膜破裂，几种组分即在弹药飞行中靠弹体的旋转进行混合，通过化学反应生成毒剂。这一生产毒剂的过程是在弹药发射后 8 ~ 10 秒内完成的。

二元化学武器的出现使许多毒性很强但性质不稳定的毒剂重新被利用，因此可选用的毒剂大大增加。同时也解决了生产、运输、储存的许多问题，是在毒剂使用原理上的一个重大突破，开创了化学武器发展的新局面。

那么二元化学武器是怎么发展而来的呢？

由来已久的想法

很早以前，有人发现在南美洲哥伦比亚有一种小甲虫，当它向“敌人”发动攻击或者自卫时，像炮兵那样发射出一种液体，这种液体落在人的皮肤上会有强烈的灼痛感。

科学家们对这种小甲虫进行了解剖分析，发现这种小甲虫的胃与众不同，它有三个小室。一个小室储有二元酚的水溶液，另一个小室储有双氧水溶液。当两者沿着细小的导管流到第三个小室里，同一种能使化合物立即氧化的酶混合发生化学反应，因而能喷射出温度高达100℃的具有恶臭和刺激性的液体。

这种小虫的独特生理结构，引起了化学家的极大兴趣，他们开始设想能不能把这种小虫的作用原理“移植”到化学武器上。早在第二次世界大战之前，美国就曾对一些可能的“二元化学武器”进行过研究。例如砷化氢是一种血液毒，人们曾想把它用做毒剂。它在空气中极易氧化，不易造成足够的战场浓度。为了克服这一困难，在第二次世界大战期间曾试验过一种航弹，弹腔由隔膜分成两室，前室装有砷化镁，后室装有硫酸。当航弹击中地面时，撞针把隔膜穿破，硫酸与砷化镁发生反应，可以缓慢地、长时间地释放出有毒的砷化氢烟云。

又如一种代号为KB—16的皮肤糜烂性毒剂，它具有比芥子气更为剧烈的对眼睛的伤害作用，无味而且作用更为持久。但由于储存性质不稳定而不能用做毒剂。人们也曾建议在弹药中不装入KB—16本身，而装入其中间体N—（2—氯乙基）氨基甲酸甲酯和亚硝化学剂。使用时两者混合，发生反应，释放出KB—16。

此外，鉴于化学毒剂的剧毒性，为了减少毒剂和弹药在生产、装填、运输和储存过程中对人员的危害，也曾求助于“二元化”技术，这对于海军舰只来说尤为重要。因为储存在军舰上的化学武器即使稍有渗漏，也能使整个军舰陷于瘫痪。所以海军的化学武器设计人员曾研究过一种安全措施，即在弹药内同时装有消毒剂，一旦发生渗漏，即可自动消毒。这实际上也可看成是一种广义上的二元化学武器。

然而，由于技术上的原因，当时虽然提出了一些设想，进行了一些试验，但都没有获得实际应用。美国真正对二元化学武器产生巨大的兴趣，并认真着手建立新一代化学武器，却是20世纪70年代以后的事。这与当时政治和军事背景紧密相关。

进退维谷的选择

20世纪60年代末期，美国化学武器的发展处于低潮。因为当时出现了好几起“令人尴尬”的事件。

1968年3月，美国陆军在犹他州达格韦试验场用神经性毒剂进行了一系列的试验。3月13日下午6时许，一架F4鬼怪式喷气机在基地上空轰鸣，悬挂在飞机下面的罐向一片没有标记的地面洒下VX液体。其中一个罐子出了故障。大多数毒液已在预定高度布洒出去，但在那个出了故障的罐子里还残留了大约9.07千克的毒剂。当这架喷气式飞机飞出它的航线时，VX毒剂从罐子中泄露出来。当时飞机还在较高的上空，风速达56千米/小时。神经性毒气悬浮在空中，最后漂落到颅骨谷地的地面。此地位于试验场大约32千米处。几小时后在谷地吃草的大批羊群中毒死亡。当地摄影师和电视工作者闻讯纷纷赶到现场，亲眼目睹6000只死羊被扔进仓促挖成的壕沟里。用美军新闻发布官的话来说：现场目击者在国内和国际的宣传报道，给了美国化学生物战计划致命的一击。

次年春，据悉，美国陆军打算把数千吨过期变质的化学武器从中西基地取道国内运到大西洋海岸，装到废旧的商船上，然后把船沉到海底。当地居民对达格韦事件记忆犹新，立即称之为“最危险的海上运输”。他们眼看着化学武器就在他们避暑的海滩处沉落下去，深感不安。

几年来，美国化学兵在处置废旧化学武器以及生产过程中生成的有毒废料等问题上，一直受到报界的严厉批评。在生产沙林神经性毒剂的中心落基山兵工厂，1960年为处理有毒废料，化学家们决定往地下打一个约3600米的深井和一个巨大的地下水库连接起来。在他们把废旧化学毒物灌进地下1个月后，丹佛发生了80年来的第一次地震。

在其后的5年中，兵工厂把约6.24亿升的废毒液灌进了地下洞穴，该地区发生了至少1500次地震。1966年这种处理方法被下令停止。陆军宣布，他们将进行调查，以弄清毒液灌进深井后能不能再次用泵抽出。调查结论是：废液一天抽出1135升，也就是说要抽空深井大约需要1000年时间。在部分废液被抽出后没有再发生地震，但发生地震这一事件已使化学武器的恶劣名声无法挽回。

1969年夏，坏消息又不期而至。在日本冲绳岛美军基地，VX神经性毒剂从一个容器里渗出，使23名军人中毒并送进医院。这使得事件加倍严重，因为它不仅使人们对化学武器基地的安全措施更不放心，而且使日本政府知道了在他们的国土上还储存有化学武器。一年夏季，曾有 100 个孩子在海滩附近嬉戏后不知得了什么病，身体突然垮了下来。五角大楼闻讯后立即命令从岛上撤出化学武器。

这一连串的事件以及对毒气的束手无策激起了公众对化学武器的憎恨。有人提出，如果只有几磅重的神经性毒剂就能杀死 6000 只羊，那么一次大事故将会造成什么样的恶果？国内外舆论反对化学武器的压力越来越大，美国军方被迫停止了野外施毒试验，并放慢了发展化学武器的步伐。

日本冲绳岛美军基地

1972 年第四次中东战争之后，美国的情报部门再次发现当时的前苏联化学战能力遥遥领先于美国。一方面是国内外舆论要求禁止化学武器的呼声，另一方面是与对手差距越来越大，不发展不行。怎么办？出路在哪里？这时美国军方从“二元化学武器”中看到了希望。因为他们清楚地知道，对付前苏联的化学战威胁最有效的办法是自己拥有足够强大的化学战威慑力量。而要重整军备、发展化学武器，又必须克服来自公众和舆论方面的反对，特别是要消除本国和盟国人民对于安全和环境污染问题的担心。他们认为化学武器二元化正是这样一种两全其美的办法，是使其摆脱进退维谷困境的一种最好选择。正是出于这种考虑，美国才决心大力发展二元化学武器来逐步取代已经过时的一元化学武器库存。

20 世纪 60 年代初，美军已拨款给海、空军进行研制，当时的任务是研制一种在航母上储存、运输、保养均比较安全的“巨眼”二元化学航弹，这种航弹可以把毒剂布洒在 2. 59 平方千米的面积内。1977 年，美陆军又支出 270 万美元继续研究神经性毒剂的二元炮弹。

1982年2月8日，当时的美国总统里根致函国会，宣布将要正式生产二元化学武器来装备部队。1985年，国会正式批准了国防部关于重整化学军备、实现化学武器现代化的计划，每年拨款上亿美元用于这一目的。

与众不同的弹药

经过30多年的研制和发展，美军现在已有多种二元化学弹药装备部队。他们不仅有已知的致死性毒剂和失能性毒剂的二元弹，还有新毒剂和新失能剂二元弹。其使用形式有二元化学炮弹、二元化学航弹、二元布洒器、二元化学火箭弹和二元化学炸弹。

（1）二元化学炮弹：它与一般化学炮弹在结构上的区别，主要是组分容器结构和装填程序的不同。在储存中，组分容器可分别存于弹外，也可装于弹内，只在准备使用时，才将其装入弹体。二元化学炮弹结构的重要部件是组分混合装置，这种装置上有受惯性力作用或受阻冲击时而活动的活塞，用以保证组分的混合。容器的破裂和组分的混合也可借助于弹体飞行中的旋转来完成。此外，也可使用专门的搅拌装置，以减少组分混合后的反应时间，增加毒剂的产率。如美国的GB2XM20型二元沙林炮弹，主要由弹体和一个叫DFXM20型容器及另一个叫OPAXM21型容器等三部分构成。容器是由聚乙烯类塑料制成，并安置于弹体内。在DFXM20型容器内装有二氟甲膦酰（代号为DF），在OPAXM21型容器中装有异丙醇（代号为OPA），在异丙醇中可能还加装一种胺类化合物作为催化剂以加速反应。“DF”和“OPA”两种二元组分，在常温下均系液体，储存时较稳定。弹药的起爆装置采用触发式，置于弹体前端，用以将二元物质反应后的毒剂释放出来。当炮弹发射后，容器破裂，两种组分自行混合，生成沙林毒剂，合成反应时间为10～15秒，炮弹飞至目标上空，弹体炸裂释放出毒剂。

（2）二元化学航弹：其结构较为复杂，它是由弹体、稳定器和流线型头部组成。二元组分之一是粉末状的（少数也有液体的），装填在航弹中置有搅拌器的室内。而另一组分是液体的，装填在航弹的主室中，这两种不同组分是用一层很薄的金属板隔开的。使用时，由驾驶员按动专门按钮，引燃火药，爆破隔板，将粉末压入液体组分中。同时启动电动机，使搅拌器急速旋转，在搅拌中加速毒剂的合成反应。另外，还有一种是施放二元毒剂的子母航弹。在每个小航弹中有许多个组件，每一组件内装一组分，在组件之间的空隙里装有第二组分（液体）。使用时，在小航弹未抛出弹箱之前，由驾驶员启动弹内的升压机构，将第二组分压入组件内腔，即开始合成毒剂。当小航弹飞往目标时，弹体借助于炸弹的爆炸作用，将小航弹中的所装组件抛掷出去，每一组件在落地瞬间即行爆破，将毒剂分散在地面或空气中。

（3）二元布洒器：像二元化学航弹一样，它是将二元组分分别装在飞机布洒器的两个格子里（组分室），在第三个格子（混合室）中装有搅拌器。使用时，驾驶员按动开关，将组分室中的两种组分喷入混合室，并进行搅拌，毒剂合成后通过飞机布洒器的喷口在目标上方布洒。

利多弊少的武器

二元化学武器的崛起是化学战技术的重大革新，它对化学武器发展的各个方面都将产生深刻的影响。二元化学武器与一元化学武器相比，具有许多突出的优点：

（1）易于生产。由于毒剂的剧烈毒性，一元化学武器的生产安全问题十分重要。而生产规模愈大，安全问题也愈难解决。

为确保操作人员和厂区周围居民的安全，毒剂工厂必须建立诸如通风系统、自动检测及控制系统、技术保障系统、报警监测系统、消毒系统、三废处理系统、医疗急救系统等一系列完善配套的设施。这将大大增加毒剂生产厂的建设投资和产品的生产成本。而且即使做到这一点，也不能保证生产的绝对安全。美国石山兵工厂的沙林车间就曾发生过工人严重中毒事故。而第二次世界大战期间，在日本芥子气工厂工作的工人所冒的危险不亚于前线的士兵。

未来发展的毒剂毒性将更大，有些毒剂（如梭曼）中毒后尚无有效的解毒药，这就使毒剂生产中安全更难保证。而二元化学武器的生产就没有那么多的麻烦，例如，沙林的二元炮弹内装填的二氟甲膦酰和异丙醇两种组分。生产二氟甲膦酰可与生产农业用的含磷杀虫剂从伏那伏斯的中间体——硫代二氯乙膦酰相结合，生产工艺比较简单。又因生产相对无毒的二元装填物，在生产安全措施方面不需要大量投资，一般化学工厂也可以承揽其生产任务，扩大了生产基地，能大量生产。据报道：美国二元沙林弹药的投资比一元沙林弹药要便宜25倍。

（2）便于储存、运输。化学弹药储存时间过长，其中的毒剂药效会逐渐降低，严重的还会因分解造成容器压力升高而引起爆炸。毒剂对弹体或容器腐蚀严重时，也能使毒剂渗漏出来，造成人员中毒和污染环境。前面提到的冲绳美军的VX毒剂泄漏事件就是一例。所以毒剂的储存是有期限的，一般期限为10～15年，而且过期的弹药还必须加以销毁处理。而销毁的过程甚至比装填过程更为有害和危险，同时还要花费巨大的资金。

据估计，美国要销毁现有的神经性毒剂库存，至少需花费数十亿美元。而实现二元化以后，储存的将是毒剂的中间体，不易变质，也就不存在毒剂的销毁问题。同时，二元化学武器在运输过程中也比较安全，在运输过程中通常只装有一种成分，弹药的最后装配工作在发射阵地或在前沿弹药供应站完成。

（3）可以广辟毒剂来源。由于二元化学武器的出现，对一些以往因为化学性质不稳定而无法在常规化学弹药中使用的化合物，也就有了战场使用的可能性。KB—16就是一个典型的例子。事物都是一分为二的，二元化学武器也有其缺点。首先要寻找合适的二元组分，它们既要储存稳定，相互之间要能快速反应，因此并非易事。其次，由于反应时间太短（8～10秒），二元组分在弹药发射过程中很难反应完全，势必减少弹药的实际杀伤威力。据美国早期用XM687沙林155毫米榴弹所做的试验表明，它的威力仅为一元弹药的3/4。同时有反应的副产物混在毒剂之中，使侦检容易，易为敌方发觉。

另外，二元化学弹药在设计、装填、储存、运输等后勤保障方面变得更为复杂。目前，这些技术上的问题仍在进一步研究解决之中，其中研究更多的是如何保证二元组分反应完全这个问题。现在除研究出一些反应促进剂外，还努力设法强化二元组分的混合。

最初曾在弹体内装设小型机械搅拌装置，结果使弹体的结构过于复杂。

然而很快一种最新结构的二元化学弹出现了，这种二元化学弹药由两个装料筒构成，第一个装料筒用来装填一种组分，其前部装有一个活塞；另一组分装在与喷射装置（带孔的细长喷管）相连的第二个装料筒内。当弹药发射后，爆燃药燃烧产生的气体压力作用于活塞上，使活塞推动第一组分冲破筒底的膜片，通过连通器进入喷管，使它从喷射孔中高速喷出，进入第二装料筒，与第二组分迅速充分混合，发生反应。这样，当弹头在撞击目标爆炸前，二元组分即可在弹内反应完全，生成毒剂。

应该说，二元化学武器还处于发展和完善阶段，但它作为一种新型结构的化学武器已引起世界各国的普遍重视。除美国公开进行大规模研究，并决定投入生产装备部队外，其他一些国家也都在对它进行研究。

早在 1978 年，前苏联就已研制成功新型的二元化学炮弹和化学火箭弹。东欧的一些化学武器专家也都认为，二元化学武器技术对于前苏联来说，既不是什么秘密，也没有什么困难。另外，法国也在研制二元化学武器。而瑞典为了研究二元化学武器的防护特点，也曾进行过二元化学弹的模拟试验。现在普遍的看法是，二元化学武器是化学战技术的一项重大变革，它的发展将对化学武器的未来产生多方面的巨大影响。

不断更新的分散和使用技术

大家都知道，香烟中含有一种叫尼古丁的剧毒物质，经医学试验证明，如果把一支香烟中的尼古丁全部提取足以毒死一匹马。但是吸烟者每天抽烟多则几包，少则十来根，为什么安然无恙？原来吸烟者吸入的香烟烟雾颗粒直径一般为 0.2 微米。正因为它是如此微小，吸入的烟雾只有很少一部分颗粒能滞留在肺里，抽烟者才不会很快中毒。如果颗粒大 10 倍的话，那就很容易滞留在肺里，香烟中的毒物就会很快吸收。这样，一个烟瘾大的人几天之内就可能中毒死亡。假如再大上 10 倍，即颗粒直径达 20 微米时，则其又不太容易侵入肺，吸烟者不论吸多少烟也不会中毒，不过也就失去了抽烟的乐趣了。同样道理，对于化学武器来说，要使其中的毒剂发挥杀伤作用，必须将它分散成大小适当的微滴或微粒。如果是通过呼吸道起作用，通常微粒的直径应在1～5微米，使其既很容易侵入并滞留肺内，又能随风传播。但要通过皮肤吸收中毒，颗粒的直径则不应小于70微米。为把毒剂分散成最好的战斗状态，现在已经研究出许许多多行之有效的分散技术。另外，在毒剂的使用方法和技术上也有新的变革，从而大大增加了化学武器的威力。

发展趋向

爆炸法的趋向——弹药的小型化

所谓爆炸法是将毒剂装入炮弹、炸弹、火箭、导弹及地雷中，借助于弹体中炸药在爆炸时所产生的高温、高压把毒剂分散出去的一种方法。爆炸法现在仍然是毒剂分散最主要的方法。适用于这种方法的毒剂，通常是液体毒剂。化学弹药中炸药与毒剂量的适当比例是影响分散效果的重要因素。炸药量太大，大量毒剂就会遭到破坏。炸药量太少，毒剂又分散不开，毒剂主要积聚在弹坑附近。结果毒剂的杀伤作用就得不到充分发挥。

一般这个比例根据毒剂种类的不同而改变。例如沙林毒剂炮弹，其炸药与毒剂的重量比约为1∶2。炸弹爆炸时可以一半毒剂分散成气溶胶，另一半分散成细微液滴降落在地面和物体上，既可造成皮肤接触中毒，又可通过吸入中毒。

但是，爆炸法有一些缺点，一是爆炸损失大、不均匀。有相当一部分毒剂因爆炸而被破坏，而在局部又造成过量，使毒剂的效力得不到充分发挥。例如，美国陆军装备的155毫米VX炮弹爆炸时，大约有60%的毒剂散落在炸点周围20米以内，有15%的毒剂分散成气溶胶，飘浮于爆炸点下风方向的空气中，其余的毒剂因爆炸而遭到破坏。爆炸法的这个缺点对于大型弹药来说表现得更明显。

为此，国外现在已广泛采用了集束炸弹，集束炸弹的装置，就是用许多小弹来代替一个大弹。每个集束装置内装有几十个到几百个这样的小炸弹，每个小弹内装有几百克毒剂。这既能改变每个小弹的分散状态，又可以扩大毒剂的分布区域。在这方面最重要的进展是所谓马格纳斯效应小炸弹。这种小炸弹是球形的，外面装有精心设计的小翼片。当集束装置打开，小炸弹被释放出来之后，翼片使小炸弹旋转，获得一种空气动力升力，使小炸弹在降落的同时做横向运动，大大拓宽了炸弹对目标区的覆盖面积。

目前，国外军队装备的许多化学炮弹、火箭弹、航空炸弹和导弹弹头等都是这类子母弹。

爆炸法的另一个缺点是难以控制粒子的大小。现在还不能把大部分装料分散成直径小于5微米的粒子或液滴，因此化学武器专家正在着力研究这一问题，一旦这个问题被解决，将大大提高化学弹药的威力。

燃烧蒸发法的“降温”

燃烧蒸发法可以说是最古老的分散方法，在古代战争中就广泛使用。这种方法实质是用加热的方法使毒剂变为蒸气，然后很快冷却而凝结成气溶胶粒子。热源通常是一些固体燃料或石油产品一类的燃烧剂。最常见也是最简便的方法是把固体毒剂和燃料掺在一起做成毒烟罐或毒烟手榴弹，用电流或擦火棒点燃，将毒剂蒸发到大气中，造成空气染毒。如英国目前使用的CS烟雾手榴弹就是一例。但是这种方法也有缺陷，某些毒剂会因受热分解而失去毒性。因此，燃烧法的温度不能太高。为了克服这一缺陷，国外已研究了一些低温燃烧的方法。一种是利用在低温下就能燃烧的低温燃烧剂；一种是把毒剂置于燃烧剂上方并与之隔开，把燃烧剂作为一种加热板，使燃烧的热气流通过夹在中间的冷却剂层加热毒剂，从而将毒剂分散，这特别适用于低熔点的固体毒剂，而且对液体毒剂也同样适用。

喷洒与布撒又有“新招”

为了造成大面积的染毒，通常是采用毒剂喷洒或布撒的方式。喷洒是利用喷雾装置将液体毒剂或固体毒剂的液糊分散成雾状的一种方式。最简单的喷雾装置是各种飞机布洒器，它使毒剂在重力作用下流进飞机的涡流，并立即被分散成小液滴。它最初曾用来喷洒芥子气。

1936年意大利空军在埃塞俄比亚首先使用了这种方法。而在越南战争中则大量使用这种装置以喷洒植物杀伤剂。这种方法的主要优点是毒剂不受爆炸或燃烧的破坏，作业量也很大，例如前苏联的 BA—500 型布洒器，在 4 秒钟内可布洒芥子气毒剂 409.5 千克，可以造成大面积染毒。但其缺点是受气候条件限制较大，且飞机必须低空和低速飞行，这在敌方有猛烈的防空火力时就难以实施。

为了克服这些缺点，现在已设计研制出一些基于喷洒原理的弹药。它是利用燃烧剂燃烧时所产生的气体作为压力源。如有一种球形小炸弹，它把毒剂装到一个连接喷嘴的橡皮袋里。当弹药作用时，橡皮袋即被燃烧气体压缩，毒剂就被从喷嘴中喷洒出去。

对于固体毒剂则使用布撒装置进行分散。需要布撒的毒剂必须预先加工成细粉状并防止其凝聚。这种方法是利用压缩空气、燃烧气或其他方法产生的压力把粉状毒剂布撒出去。如装在直升机或车辆上的布撒器都带有空气压缩机或压缩气体钢瓶。新设计的一种刺激剂手榴弹则是利用燃烧气流的压力。最近还有人研究了利用胶凝推进剂气体的可能性。在这种装置中，胶凝推进剂和毒剂混合装在胶袋内。当胶袋打开时，推进剂立即气化，并把毒剂带出。这种系统还具有防止毒剂粒子凝聚的优点。

使用技术的变革——微胶囊技术

大家都吃过速效感冒胶囊吧，所谓微胶囊技术，性质是一样的，就是把单个的微滴或微粒用胶囊包起来，只不过胶囊非常小，直径可以小到 1 微米以下。第二次世界大战前，美国已研制成功了这一技术，当时纯粹是为商业目的，1954 年一种利用微胶囊技术制造的“无碳复写纸”首次投入市场，并引起轰动。此后，微胶囊技术的应用迅速扩大，新品种不断出现。特别是制药工业广泛采用这一技术，或用以掩蔽药品不愉快的气味，或用以延长药品的储存时间，或使药物在体内持续地缓缓释放。

在其他方面，如农业上制成了杀虫剂和杀菌剂的微胶囊，可以改进农药性能，增强杀虫杀菌效力；在食品工业中，有一种含脂肪油和香料的胶囊，在人吃的时候就放出一种香味。这一技术一出现就被美国化学战机构“瞄上”了。他们觉得在化学战领域也非常需要，于是，与斯坦福研究所等许多科研单位签订了合作协议。研究内容主要包括以下几个方面：

（1）固体或液体毒剂的微胶囊化，以防止其在高温分散时发生分解；

（2）对易挥发的毒剂进行微胶囊化，以使毒剂缓慢持续地释放，在较长时间内保持有效浓度；

（3）对皮肤吸收毒性大的液体毒剂制成渗漏型微胶囊，以保证在毒剂接触到皮肤时才渗漏出来；

（4）将蛋白毒素和其他光敏毒剂进行微胶囊化，以免因阳光照射而分解；

（5）“燃料胶囊”，即胶囊壁可以作为高温散布时燃料的主要来源；

（6）“压裂微胶囊”，用来长期污染地面，一旦人踩着它时，就破裂放出毒剂使人中毒。

目前美军还正在研制一种气溶胶微胶囊发生器，它可把液体毒剂用固体塑料包胶后加以施放，毒剂的微胶囊化程度可达90%以上，胶囊直径为3~15微米。

微胶囊技术为改善毒剂的使用性能开辟了一个新天地，它可以减少毒剂蒸发带来的损失，提高有效利用率，确保分散质量，扩大布毒面积，延长作用时间，简化武器结构，并提供了多种途径中毒的可能性。另外，毒剂的微胶囊化还使毒剂的侦检、防护、洗消等变得更为困难。因此，微胶囊化必将成为未来处学武器发展的一个重要方向。

不可小觑的“混合使用”

在化学武器的发展过程中，人们尽管付出很大努力来寻找更新更好的毒剂，但事实上，没有一种毒剂是完美无缺的。例如，被称为“毒剂之王”的芥子气潜伏期较长、熔点太高，氢氰酸、沙林挥发度过高，VX挥发度又太低且储存稳定性稍差等。为了克服毒剂的这些缺点，改善毒剂的使用性能，于是人们想到将两种以上的毒剂加以混合或往毒剂中加某些添加剂再使用，结果获得了满意的效果。当然“混合使用”不是简单的混合，它有一个严格科学的配方。国外曾使用或研究过好几种配方，主要目的为以下几点：

（1）降低凝固点。前面我们已经提到，芥子气的凝固点比较高，冬季单独使用效果就很差。“混合使用”可以较好地解决这个问题。例如前苏联有精馏芥子气与路易氏剂的混合物，其中芥子气含量为36.2%（重量），其凝固点可降至-26℃。又如用芥子气33.4%（体积）、路易氏剂33.3%和二氯乙烷33.4%混合，可使凝固点降至-50℃。

（2）提高持久度。为了使毒剂更持久地污染地面，增加消毒难度，阻止敌方部队通过。国外曾研究了两种胶黏配方，一是加入一种像胶水一样黏稠的物质，毒剂被分散开以后，就能长时间地粘在地上；二是把持久性毒剂与多孔性载体混合，以造成持久的污染源。前苏联在这方面研究较多，如把95%芥子气与5%聚氯乙烯混合，或将97%芥子气与3%丙烯酸甲酯混合制成胶粘芥子气。此外，前苏联还装备有代号BP—55的胶黏梭曼。英国和德国也曾有过芥子气等的胶黏配方。

（3）促进皮肤渗透。化学武器的“攻”和“防”一直是竟相发展的，正是为了防呼吸道中毒，才发明了防毒面具，而防毒面具的出现，又驱使各国化学战机构努力寻找能通过皮肤渗透的毒剂，于是芥子气、VX等能穿透皮肤的毒剂又迅速问世，结果又研制出了防毒衣。

面具、防毒衣的出现，似乎使个人防护变得无懈可击。但是皮肤面积大，防护困难，而穿上防毒衣又会严重影响作战活动，所以化学武器专家仍在大力研制能够快速穿透皮肤的新毒剂和新途径。其中为已有的毒剂寻找一种皮肤穿透能力很强的溶剂是一个重要的方向。

通过研究，现在已经找到了一些很有价值的皮肤穿透能力很强的化合物，如有一种叫二甲亚砜（DMSO）的物质，它可以显著提高某些毒剂的毒性并加速其作用。据加拿大的研究，梭曼的50% DMSO溶液对豚鼠的皮肤致死毒性比纯梭曼要高6倍。同样，美国埃奇伍德兵工厂的研究也表明，将VX/DOMS混合物的液滴滴在大鼠皮肤上，其致死时间要比纯VX滴在皮肤上缩短一半。助渗剂还可以使有着其他军事优点的化学毒剂获得皮肤中毒的性能。

此外，为某些专向目的，还研究了污染水面的配方，如芥子气的煤油溶液等，以阻止敌人越过某个河流或水域；提高毒剂作用速度的配方；增加治疗困难的配方；改善毒剂稳定性的配方；提高毒剂毒性的配方等。尽管现在已经有了多种多样的分散和使用技术，但它们还远远不是完美无缺的，还存在着巨大的改进潜力。而分散和使用技术的改进，可以大大提高化学武器的杀伤威力。

据国外估计，如果用专门的气溶胶发生器把神经性毒剂全部分散成直径为1～5微米的气溶胶，那么将比现在用爆炸分散法的有效杀伤面积大数百倍。而要做到这一点，比寻找一个毒性超过现有神经性毒剂数百倍的新毒剂显然要简单得多。同样，通过毒剂的配伍使用来改善毒剂的性能，也要比寻找一种性能完善的毒剂现实得多，简单得多。因此，国外把分散和使用技术的改进看做是提高现有化学武器威力的一条捷径，并大力研究。这方面的任何突破，都会使化学战的面貌大为改观。

化学武器的防护

化学武器是一种杀伤性较强的武器，但是有矛必有盾，任何一件新式武器的产生，必然伴随着与之相对的东西产生。在化学武器发展并在战争中不断使用的同时，人们积累了同化学武器作斗争的经验。

第一次世界大战中，德军在伊普雷首次毒袭之所以取得巨大成功，很重要的原因是英法联军事先毫无防毒准备。相反，1917 年 10 月 15 日，在苏松东北地区，尽管法军对德军持续实施七昼夜的化学攻击，但由于德军重视对化学武器袭击的防护，在部队中预先装备了防护器材，结果没造成多大伤亡。人们从这些正反经验教训中，逐步加深了对化学武器防护的认识，有了一套完整的“防魔之道”。

如何识别化学武器袭击

化学武器具有特殊的杀伤形式，敌人如果使用化学武器，必然暴露一些可疑征兆，人们通过观察判断，就可以及时发现，然后迅速采取各种防护措施，保障人员、物资安全。

视敌动向防魔扰

在战斗打响前，应仔细分析敌人是否装备有化学武器，装备有哪些类型，是否有使用的可能性，做到有所防范。同时应运用各种侦察手段，力求准确查明敌人可能使用化学武器的有关情况。比如发现敌人纵深内的化学仓库、化学武器装载点、毒剂发射阵地、有特殊标记的炮弹、炸弹以及敌人兵力、火力配置情况等。

通常，为了便于识别，外军对毒剂弹作明显的标记，除以文字标注名称外，还用色调鲜明的彩色在装有化学毒剂的弹药外壳上绘出圆环；与弹药同行的还应有特殊的毒剂发生器、布洒器等，以及为防止发生意外而配的携带防护、侦检器材的警卫和押运工作人员。一旦发现这些情况，应立即做好各项防护准备工作。

在战斗打响后，应着重把握几个环节，如敌人在发起攻击前实施猛烈的炮火准备时，敌人就有可能在普通炮弹中夹杂使用化学炮弹，应加强观察，如听到爆炸声沉闷，看到的烟云颜色不一且不易散去，弹坑浅小和闻到特殊气味时，就可判断敌人使用了化学武器，应立即防护。在激烈的交战中，如发现敌人突然后撤、隐蔽、穿戴防护器材进行战斗等情况后，就立刻想到敌人是否要使用化学武器。

当看到敌机低空飞行，像撒农药一样在机翼下喷出一道白雾，就可以判断可能是布洒毒剂。化学武器的施放必须要有合适的气象条件，在下雨天、大雪天、大风天一般不会施放毒剂，而在风速 2 ~ 3 米/秒、风向稳定的夜间、拂晓、傍晚、阴天就应做好防护准备。

总之，要密切注视敌军的各种可疑行动，进行综合分析判断，采取积极有效的措施，避免被动挨打，尽可能减少人员中毒伤亡。

观察征侯辨魔影

化学弹与普通杀伤弹在爆炸后产生的外观景象是不同的，炸裂的弹片大小也不一样，地上留下的弹迹更有明显区别。

大家知道，化学弹的弹体内不仅装有炸药，但更多装的是毒剂。所以在形成的云团里，主要是毒剂蒸气和毒雾，只有少量的硝烟与灰尘。由于毒剂种类的不同，形成的云团颜色也不一样。而且各种弹药爆炸都会因战场上土壤的颜色对云团颜色有所影响。另外，化学弹的弹片大、数量少、棱角较钝。

特别是持久性毒剂弹的弹片更大，一发毒剂炮弹只有几大块弹片。与此相反，普通杀伤弹在爆炸后弹片小、数量多、边角锋利。液体毒剂弹爆炸后，在弹坑附近有明显的液滴和潮湿现象；在雪地上会出现明显的有色斑点，时间稍长，即出现小孔。在水面上可见有色油膜等。液体毒剂弹在沙土地爆炸后，会因沙土的包裹难以辨认。固体毒剂弹会在地面上留下小颗粒。

通过观察爆炸点周围的庄稼、杂草和树木也能发现毒情。当植物表面染毒时，上层比下层染毒多，阔叶比针叶更明显。嫩叶比枯叶好发现，鲜花比枝叶上易分辨。当毒剂液滴落在植物的叶片上，液滴会逐渐使绿叶颜色变为灰白色或黄白色、红褐色，形成不同斑点；时间久了，叶子染毒处开始萎缩和卷曲，吸收毒剂多的植物就会枯死。

毒剂滴落在盛开的鲜花上，颜色会发生明显变化。不同毒剂对各种颜色的花所起的作用，引起颜色的变化也不相同。VX 毒剂落在紫色、粉红色的花朵上（如水浮莲花、茄子花、荷花）染毒处会变蓝绿色；落在白色或蓝色花朵上（如芝麻花、野西瓜花）就会变成黄色，沙林液滴落在紫红色的花上时会使花色退成粉红色；路易氏剂液滴落在紫红与蓝色花朵上就会使染毒部位变成红色，若遇黄色的南瓜花时就会变成蓝色。因此，通过辨别花色的变化，我们可以发现某些毒剂。

通过观察遭袭后动物的反应，也能及时发现“毒情”。海湾战争美军害怕伊拉克使用化学武器，曾将数万只鸡放到前线，把鸡作为“警报员”，只要一看到鸡有中毒症状就立即戴上面具。按理说美军有先进的探测和侦察系统，还要这种原始的方法干什么？这是因为鸡对暂时性毒剂（如沙林、氢氰酸）特别敏感，一旦中毒很快就有症状或者死亡，其所能承受的剂量很小，这种剂量对人还不能构成伤害，当发现鸡有中毒症状立即防护，人员是不会中毒的。而仪器尽管先进，反应也快，但它比较难“侍候”，而且容易“谎报军情”，因此观察鸡的变化则显得更加直接可靠。其实不光鸡，所有动物对毒剂都很敏感，都是很好的化学毒剂“报警员”。

鸟类吸入染毒空气就会从空中跌落下来，抵抗力较强的狗中毒以后，也会出现流口水、流泪、站立不稳等明显症状。毒剂一旦落入水里，不能溶解的毒剂大部分落入水底，在水面上常留有油花或油沫飘浮。能溶解于水的毒剂，尽管毒剂的踪影全无，但在水中已经危害着生物，使水里的鱼虾中毒而死亡。时间稍长，毒死的鱼虾就会飘到水面上来。

仪器出马现原形

依靠人的各种感觉器官来发现毒情，虽然简便易行，但时间慢，准确性差，有一定的危险性，容易遭到毒剂的伤害，而且它只是一种概略的判定，不能准确测定毒剂浓度的高低，估算出染毒范围的大小。对于一些无色无味的毒剂，在复杂的战场环境中光凭人的感官是很难识别的，因此通过人的感觉器官来发现毒情有很大的局限性，必须借助专门的仪器才能彻底让毒剂现“原形”。这类专门的仪器就是化学侦察器材。

当第一次世界大战中德军在伊普雷地区开创化学战历史时，世界上并不存在什么化学侦察器材。第一次大战中相当一段时间内士兵主要靠用鼻子嗅、眼睛看和通过其他感官去发现毒剂的存在，有的还用动物来侦毒，如用狗和蜗牛探测芥子气，用金丝猴侦检氢氰酸等，有的部队随身携带着鸡或鸟，通过观察它们是否死亡或出现中毒症状来判断敌人是否施放了毒剂。只是到了一次世界大战的后期，人们才发明了侦毒漆、侦毒纸等技术性侦检器材并开始在战场上使用。

二次世界大战后期，由于作用迅速的剧毒性神经毒剂的出现，促使各国全力研制先进的化学侦检、报警器材，并逐步装备化学专业兵及陆、海、空军部队。这些器材一般都能较为准确地查明毒剂种类、毒剂浓度和快速报知。有的器材适用于对多种条件下的侦检，具有多种功能，使用也较为简便。有的器材根据战场情况设置，能够测定染毒范围的大小。使用这些器材大大减少了对人员的危害。依靠这些先进器材的准确、快速、简便、多效，可以较好地完成对化学毒剂侦检任务。目前，这些器材根据功能可分为侦毒器材、化学毒剂报警器材和毒剂化验器材等。

1. 侦毒器材

目前世界各国军队主要装备有侦毒粉笔、侦毒片、侦毒纸和侦毒器等。其功能是侦检地面、武器、装备、空气、水源中的VX、沙林、芥子气、氢氰酸、光气等毒剂，对染毒空气也能概略测出浓度来。

美军从1962年开始生产M7A1型糜烂性毒剂侦检粉笔，类似教学使用的粉笔，使用时在可能染有糜烂性毒剂液滴的物质表面划几下或者撒上粉末，如果颜色由粉红变为蓝色时，则表明有毒剂存在。此后美军又研制有M8型侦毒纸，能用于侦检液滴状的神经性毒剂和糜烂性毒剂。最近又新装备了M9型侦检纸，使用时贴在身上或装备上即可，根据颜色变化就可判知多种毒剂。

现今西方主要国家的部队几乎都装备有侦毒纸，主要侦俭液态毒剂。加拿大则装备有酶法侦毒片，这种侦毒片可用侦检蒸气状毒剂，当空气中有神经性毒剂蒸气时，它不变色；无毒剂时，侦毒片变成蓝色或绿色。而荷兰更是别出心裁发明了侦毒扣，这种扣与钱币一样大小，是由透明塑料制成的锥形体，里面有两张隔开的纸片，分别浸渍着酶和底物，还有一易碎的小瓶，里面盛装湿润剂。使用时，将侦毒扣嵌入面具呼吸器的进气口处，人呼吸时，吸入的空气首先经过侦毒扣，如果其中有毒剂，就被侦毒扣中的酶纸吸附下来。呼吸15次后取下侦毒扣，捏碎其中的小瓶，让瓶中的润湿剂将两片纸润湿，同时捏侦毒扣锥体使两纸片合到一起，如果有神经性毒剂试纸就不变色。检毒灵敏度很高。

侦毒演练

查明染毒空气也可使用侦毒器，侦毒器的原理与打气筒相似，只不过打气筒是出气，侦毒器是抽气，即把染毒空气抽到侦毒管内，侦毒管内有硅胶和试剂瓶，侦毒器不断抽气，空气中的毒剂被吸附到硅胶上并逐渐积累，这时顶破试剂瓶，试剂就与硅胶上的毒剂起化学反应，生成特定的颜色，从而判明是何种毒剂。并根据反应颜色的深浅，还可概略查出毒剂浓度的高低。

由于这种方法是利用很少量的毒剂与特定的试剂起作用，这个作用又是特效的，所以侦毒管的灵敏度很高，抗干扰性较强，准确性相应较高。目前外军装备的侦毒器种类繁多，功能各异。考虑到未来作战可能会出现许多新的战剂，或多种毒剂混合使用，各国又在着力研制能侦检更多毒剂的侦毒器。例如美军正在研制的M256E1型侦毒器，它除了能侦检现装备的毒剂外，还能侦检T—2毒素等多种新战剂。同时，为适合单兵作战需要，侦毒器也在逐渐向便携式过渡。

2. 化学毒剂报警器材

这是一种自动监测化学袭击的装置，其主要功能就在于迅速探测敌人是否用毒并发出警报信号，以便人们及时采取各种防护措施。如神经性毒剂报警器，一旦发现神经性毒剂时，可以同时用电表指示、发出音响和光亮向人们报警。它是属于群众性防护的重要器材，各国在这一领域上部下了很大功夫。美军装备有M8A1型毒剂自动报警器，既能对神经性毒剂报警，也能对窒息性毒剂（光气、双光气）、全身中毒性毒剂（氢氰酸）、糜烂性毒剂（芥子气）进行报警。前苏军装备有FCII—11型毒剂自动报警器，可用于监测空气中含磷毒剂。其防化分队和观察所还装备FCII—IM型自动报警器，既能测定空气中的毒剂，也可测量放射性沾染。目前许多国家都在研制远距离自动报警器材，其中美国在此方面仍处于领先地位。如美国的XM21型遥感式毒剂报警器，能在15秒钟内自动扫描60度范围内7个不同位置，能发现5千米以内的任何毒剂云团。这种仪器现虽尚未正式装备部队，但它已在海湾战争中经受了考验。

着眼未来作战特点，美军还研制了ICAD单兵用微型毒剂报警器，总重量只有200多克，如香烟盒一般大小，可系在腰带上，也可像佩带勋章一样戴在胸前，使用极为方便。它可报警神经性毒剂、糜烂性毒剂、全身中毒性毒剂和窒息性毒剂，就报警毒剂种类而言，它优于当今世界上绝大多数报警器，算得上是一种多功能报警器。

3. 毒剂化验器材

这是对毒剂作全面的定性、定量分析的一类器材，它包括化验箱、化验车、化学辐射侦察车等。

化验车不仅能对弹药和装备上的毒剂进行分析鉴定，而且能分析消毒剂的质量以及对染毒部位的消毒程度、防毒面具和防毒衣的气密性和防毒性能等。

当前，由于高新技术的应用，化验车的功能更加齐全，原理更加先进，具有高灵敏度和高特效性。化验箱主要作为便携式化验器材用于化验已知毒剂，特别是化验车进不去的地方。化学辐射侦察车是集侦察、化验、报警、标志染毒区于一身的机动车辆。

“狐”式防化侦察车

目前以德国的“狐”式防化侦察车最为先进，它是一种六轮两栖装甲车，装备的探测器材能探测和查明当前所有化学战剂。车上的4名乘员可在运动中安全地探测和分析地面和空气中的沾染情况，并进行取样。可利用这种车辆在广大地域安全可靠地快速执行核化生侦察任务。美军从德国购买了这种车，并进行了改进，并准备将XM21型遥感式报警器装到“狐”式防化侦察车上，以提高其远距离报警能力。

在化学武器迅速发展，攻击技术日益改进，使用方法不断提高，以及化学袭击突然性进一步增强的同时，世界各国都在加紧研制新的化学侦检器材，使侦察识别毒剂的“慧眼”更明亮。

各种各样的防化器材

一旦发现了毒剂，就必须进行全面防护。那么用什么去防毒魔的伤害呢？

这就需要使用各种防护器材。防护器材伴随着化学战的产生而产生，并随着化学武器的日益发展而发展。目前已形成规格齐全，品种繁多的系列。这些器材是如何演变而来？又是如何发挥神奇功效的？就让我们从防毒面具说起吧。

防毒面具

第一次世界大战时，德军连续实施大规模的毒袭，浓浓毒雾使完全没有防护的英法联军伤亡惨重，就连生存在该地区的飞禽走兽也大量死亡，可是唯有猪却安然无恙，这引起了有关专家的极大兴趣。

这是什么原因呢？难道猪对毒气有天生的抵抗力？通过试验观察，专家们发现并不是猪不怕毒气，而是它有拱食吃的本能。当毒气袭来时，猪受不住毒气的刺激，于是拼命地用嘴拱地，把土拱松以后，让长长的嘴埋在泥土里，由于泥土有一定的滤毒作用，这样才幸免于难。由此人们得到了启发，开始研制了内装土颗粒的防毒口罩，这是呼吸道防护手段的开始。随后英国生产大量所谓“黑纱口罩”。

它是由长纱布条折叠成口袋，袋中装有硫代硫酸钠、碳酸钠和甘油水溶液浸泡过的棉纱，甘油能使口罩保持湿润，硫代硫酸钠、碳酸钠都是碱性物质，能与呈酸性的氯气发生中和反应而解毒。但这只能作为一种应急措施，因为吸入空气的很大一部分可能并不通过浸渍包，所以使用这种口罩仍然有相当大的风险。以后又对“黑纱口罩”作了进一步改进，制成了“海波头盔”。它是个浸有浸滞液的法兰绒袋，可以把它戴在头上并塞进衣领里，它还配有透明的眼镜。这种头盔对于防护氯气是完全有效的，而且还可以用来防护其他强酸性毒气。随着光气的使用，英国人又对海波头盔进行改进，改变了浸滞液，装上了橡皮排气管，制成了“P—式头盔”及其改进型“pH头盔”。但不论如何改进，头盔式面具都有很多缺点，不仅佩戴不舒服，而且它所能容纳的毒气吸附量十分有限。

随着化学攻击手段的发展和新的化学毒剂不断投入战场。1916年，俄国化学家谢林斯基发明了世界上第一个装有活性炭带有眼窗的面罩的面具，为研制生产现代防毒面具走出了第一步。

现代防毒面具体积小、重量轻、能通话，使用方便，依靠面具的隔绝作用和过滤器的滤毒作用，能够用来保护人的呼吸器官、眼睛、面部不受毒剂伤害，防止放射性灰尘和细菌进入人体。

随着防化科技的迅速发展，防毒面具已经几代更新，并日趋完善。各国不断推出的新型面具，如雨后春笋，大有令人眼花镣乱，应接不暇之感。如加拿大C4型防毒面具，这是一种由面罩、C2型滤毒罐和面具袋组成的头带式面具。这种面具的优点是滤毒罐易于在毒区更换、呼吸阻力小；有良好的视野，镜片能防枪弹并防止气雾；佩戴舒适，配有两个通话器，主通话器通话效果最好，侧通话器与电信器材匹配使用。如比利时的BEM4GP型防毒面具，该面具滤毒罐可转动，不影响战斗动作，通话器能与大多数通话器材匹配使用。

美军的M40防毒面具

还有饮水装置，装了一根类似于稻草的吸杆可以吸水和吸营养流体，吸食时不会将有毒气体带入面具。该面具的最大特点是采用了大眼窗，扩大了视野。又如美国的M40型防毒面具，是美军装备的最现代化、技术上最先进的面具。设有饮水装置和人工呼吸装置，即可对中毒人员进行口对口的人工呼吸，面罩的正、侧方各设一个通话器，具有很强的防毒性能和极好的佩戴舒适性。此外，如意大利的SGEI000型面具、英国的S—10型面具等也都是目前世界上较先进的防毒面具。

那么防毒面具是怎样防毒的呢？面具基本构造分面罩和过滤罐两大部件。面罩主要用来保护面部不受伤害，它由罩体、头带、眼窗、通话器及呼气活门组成。过滤罐用来过滤空气中的毒剂、放射性物质的细菌，以洁净的空气供人呼吸，主要由滤烟纸和防毒炭组成，是防毒的核心部件。

它的作用就像一座空气“净化车间”。当人员带上面具吸气时，遭受染毒的空气经面具滤毒罐底部进气孔，进入“净化车间”的第一道门——滤烟层，它是由滤烟纸折叠而成。这些纸又是由多层纵横交错很不规则的细长纤维构成，在纤维间形成了许多形态各异的稠密网格和细微弯曲的孔道。当毒剂蒸气以分子形式存在时，会穿过滤烟层的网格或通过孔道。而当毒剂烟雾以分子团的形式存在时，由于毒剂分子团要比毒剂分子大1000倍以上，就被稠密的网格和孔道所截留。毒烟被挡在滤烟门外，只有毒剂蒸气能够通过。

毒剂蒸气虽然闯过了第一道屏障，可要过“净化车间”的第二道门可就难上加难了。这是一扇由漆黑的防毒炭组成的门，炭是多孔性材料，像去掉了种子的向日葵盘一样，外表面积相当大，具有很强的吸附分子的能力，在我们日常生活中，如电冰箱中放活性炭能除异味就是这个原因。因此当毒剂蒸气来到防毒炭门前时，毒剂蒸气分子就会被炭表面所吸附。

防毒炭对毒剂蒸气的吸附能力大小与毒剂蒸气分子的大小有直接关系，分子越大，越容易被吸附。已知的VX、沙林、芥子气、路易氏气等毒剂都很容易被吸附。但小分子毒剂氯化氰和氢氰酸则不容易被吸附，这些毒剂最初都是专门为攻克面具而出现的。为了对付这些小分子毒剂，在防毒炭门上还浸有铜、铬、银等金属氧化物。这些在炭的表面上存在的金属氧化物，能与小分子毒剂发生化学反应，反应后的生成物也被滞留在炭上。滤毒罐作为空气的“净化车间”，就是这样滤掉了毒剂，让清洁的空气进入面罩供人呼吸，实现了面具“所作的承诺”。

战争在发展，防毒面具为适应未来作战的需要也在不断的推陈出新。未来防毒面具的发展主要是设法提高其生理性能，使用性能和气密性。

一是提高防毒性能。面具的防毒性能取决于滤毒罐的防毒性能、面罩的抗毒性能和佩戴的气密性。目前外军正在积极寻找新的滤毒材料和炭催化剂，使防毒面具不仅能防已知的所有化学战剂，而且还能防生物战剂，要求防战场浓度的神经性毒剂袭击 15 次以上，防目前可穿透面具的毒物袭击至少一次以上，连续防毒时间不低于 6 小时。

二是力求使佩戴更舒适安全。现今各国军队都在研制透明、抗冲击、无毒性、无刺激性、柔软、耐消毒、质轻的聚合材料以制作面具的罩体，要求面具密合、结构合理、性能优良，普通人员可佩戴 8 ~ 12 小时。

此外，各国都认为在面具中装入饮水装置是十分必要的，它可以解决人员穿戴全身防护器材而大量出汗失水的问题。三是不影响作战行动。要求未来的防毒面具通话清晰，视野开阔，容易辨认人员以避免引起恐慌，不影响使用任何武器装备，包括夜视器材。

以上所说的都属于过滤式面具。此外，各国还装备有能够自动产生氧气的隔绝式防毒面具；适于各军兵种特殊需要的特种面具。

斩断“渗透的魔爪”，“皮肤卫士”——防毒衣

第一次世界大战后期发展起来的防毒面具能够相当有效地防护各种毒剂的呼吸道中毒。在攻和防的竞赛中，防护第一次占了上风。然而，防护的一方并没有笑多久，恶魔的爪子已悄悄地伸向了人类的皮肤。因为皮肤面积大，远比呼吸道难以防护。而如果穿上防护服，则会严重影响作战行动。

1917 年 7 月 12 日，在伊普雷前线的德军对英军的第一次芥子气炮击，又一次打破攻与防的平衡。一时间医院里到处是皮肤发炎、溃疡和糜烂的伤员。在整个第一次世界大战期间，一直没有找到对付芥子气的满意的防护方法，因为面具只能防护眼睛和肺部。因此，不论什么时候使用芥子气，都能可靠地使敌人在数周内失去战斗力。当时也曾试验过三种防护方法。第一种方法是穿上不透气的油布防毒衣，第二种方法是使用防毒膏，第三种方法是用一种活泼的、能与毒剂相互作用并能破坏它的化合物来处理染毒的皮肤。

这三种方法都有很多缺点，不能取得满意的效果。但是相比较穿上油布防毒衣还可靠些。随后油布防毒衣被合成橡胶防毒衣和塑料防毒衣所代替。但是这两种防毒服防毒能力不佳，特别是纯橡胶制成的防护器材遇到毒剂液滴后会很快溶化、膨胀。后来，又研制出了一种隔绝式防毒衣。隔绝式防毒衣是由不透气的丁基胶布或高分子薄膜及其复合物等材料制成，可阻止液滴状毒剂的渗透和蒸气状毒剂的扩散透过，并可阻挡生物战剂和放射性灰尘的透入；但同时也阻止了空气和水汽的通过，造成人体排汗和散热的困难，不能长时间穿着。

防毒服

为改善防毒衣的生理性能，在20世纪20年代研制了透气的氯酰胺浸渍服，60年代后期又发展了使军队较为满意的含炭透气防毒服。透气式防毒服由含炭织物或浸有氯酰胺等活性物质的特殊材料制成，能过滤和阻挡有害物质，而空气和水汽能自由通过。因而既具有良好的防毒功能，又有较强的透气散热性能。它主要供合成军队使用。由于合成军是主要作战力量，又是防护的重点，所以各国都把主要精力放在研究透气式防毒服上。从而研制出了一系列先进的透气式防毒服并装备部队。

美国标准A型透气防毒服由美陆军纳蒂克研究所于1963年开始研制，1966年设计定型，1975年装备部队。现由温菲尔德国际有限公司生产。分上衣和裤子，为两截式，有内外两层。外层是经防油防水剂处理过的尼龙棉斜纹织物，能迅速吸收毒剂液滴；内层是浸有活性炭的聚氨基甲酸酯泡沫塑料和尼龙编织物的复合层，能吸附毒剂蒸气，气溶胶和小液滴，全套服装重 1.7 千克，有 8 种号码，防毒时间至少 24 小时。在海湾战争中，美军共装备了 65 万套，耗资 3570 万美元。

英国装备的最新防毒服是 MK4 型透气防毒服，它是由英国波顿化学防护研究所于 80 年代研制成功的，现由雷姆普洛益公司生产，也是两截式，由内外两层材料制成，外层是由尼龙与变性聚丙烯腈纱纺织而成，并经防雨的含氟化合物处理，可防毒剂液滴。内层是浸有活性炭和阻燃剂的聚合材料制成，能吸收毒蒸气。上衣有双道拉链，腕部用尼龙搭扣密封，具有伪装和防火功能，防毒时间可达 24 小时。

法国则装备有 S3P 防毒服，该防毒服是由连有头罩的上衣和裤子组成，穿在标准战斗服外面。它由三层材料组成，外层是无孔并经防水处理的聚酰胺塔夫绸，毒剂液滴滴在上面马上凝聚落地，或分散成微滴，而不能粘在其表面；中间层是无纺纤维素材料，也经防水剂处理，其作用是捕获穿透外层的气溶胶，以避免毒剂液滴与浸渍炭层直接接触，而使活性炭过早失去活性。内层是粘在针织物上的活性炭层，用以吸附毒剂蒸气。整套衣服重 1.7 千克，在无毒环境下可穿着 3 周，有毒环境中可穿着 1 周，有效存放时间 5 年。

在海湾战争期间，为适应多国部队在海湾沙漠地区特殊气候条件下作战，法国保尔·布瓦叶公司还专门研制了热带三防战斗服，全套服装包括上衣、裤子、袜子、靴套和手套，共重 1.8 千克，防毒 24 小时，它透气性好，舒适程度与普通战斗眼相似。防毒服也分内外两层，外层是经特殊处理的棉制品和聚酯类混纺织物，能防毒剂液滴，内层是浸有活性炭的合成泡沫塑料，能防毒剂蒸气。

德国是两次世界大战的战败国，被禁止生产和储存化学武器，但是它在防护器材方面发展很快，推出了一大批先进的防护装备，前面提到的“狐”式侦察车就是一个典型代表，而在防毒服上也挤身世界一流行列。如 1985 年研制成功的萨拉托加含炭透气防毒服，分上下两截式，有内外两层。外层是经防火剂处理过的尼龙棉斜纺布，每平米重 340 克，染成了迷彩，可保护里面的过滤层免受机械损伤及毒剂小液滴的透入；内层为粘有微胶球活性炭的棉织物，防毒剂蒸气，并有较好的透气散热性能。能防芥子气 150

小时，经每天穿着24小时，连续穿着7天后，对它进行洗涤，结果表明防毒性能没有明显下降。

这种防毒服的成功之处在于它采用了微胶球炭粘连技术，利用它就不需要专门的织物，而可制造化学防护服、紧身内衣、飞行服、专用防护服，技术保障人员穿着的洗消服和其他防护服。德国的这种防毒服与英国的MK4型防毒服共同代表了当今世界防护技术的先进水平。从外贸销量看也证实了这一点。

1990年8月和9月间，美国海军陆战队同英国和德国三防装备生产公司签订了价值2500万美元的采购MK4型防毒服和德国透气防毒服的合同。沙特也于1990年10月初同德国答订了15万套透气防毒服的供货合同。

尽管防毒服的发展已达到相当水平，但严格他说，现装备的防毒服尚不能完全满足作战需求，因此各国防化专家还在开展对新一代防毒服的研究。

美国正在研究一种微包胶化学浸渍服，其特点是可对已知毒剂进行自行消毒，但缺乏对未知毒剂的消毒能力。最近美国发现了可以吃掉毒剂的生物酶，而法国已研制成功一种可以灭菌的生物纤维，若两者结合制成生物酶防毒眼，必将是防护眼技术上的重大进展。

当前隔绝式防毒衣仍然是专业防化兵的主要防护装备，为了适应在炎热气候条件下作战，解决隔绝式防毒衣的透气散热问题，美国已研制成功冷却背心和冷却服，用乙二醇做致冷剂，使人体热量被迅速带走，从而使防毒服穿着时间可以延长4倍。此外，在隔绝式防毒材料方面，正在向多层复合、拉伸薄膜等方向发展，以提高防毒、防火、耐磨性能。近年来，美国还提出了单兵多功能防护服的设想。

单兵多功能防护服由改型防护服（军服、装甲背心、手套、靴套和承载设备），整体头盔（通话设备、武器系统透视部件、过滤吸收剂和微型通风机），以及微气候调节电源系统（即使用微型电源进行自动过滤和循环空气）等组成，是一个整体型三防战斗服。它使用最新技术，在作战和生存能力方面均有很大提高。它不仅具有良好的通信效果，穿戴舒适，重量轻，而且可以防弹片、尘埃、毒剂、放射性物质、生物战剂和激光多种杀伤，在战场上单兵可一直穿着它，预计到上世纪末可投入部队使用。

提供安全的庇护所——集体防护器材的功用

穿戴防毒面具和防毒衣虽然能够在染毒的环境里执行战斗任务，但防护时间有一定限制，而且在许多场合仅有个人防护器材是远远不够的。它解决不了战斗人员休息、吃饭、治疗及武器装备物资的储备问题，不能保证指挥、控制、通信和情报系统、救护所和医院的正常工作，也不能保证对后方广大人民群众的可靠防护。

这就需要进行集体防护，于是集体防护器材便应运而生。集体防护主要设置在各种掩蔽部、地下建筑、帐篷、战斗车辆、飞机和舰艇舱室内进行密闭并供给清洁空气，确保内部人员在化学袭击条件下正常活动。

第一次世界大战大规模的毒气战，毒气随风飘移，无孔不入，攻破了最坚固的防御工事，使防御的一方真正陷入了被动挨打的境地。为避免毒气透入工事内，人们最初采用粘性泥土涂抹在工事顶部和四壁，用布塞紧各处缝隙，并在入口处悬挂毛毯制作的防毒门帘，形成所谓的“不透气掩蔽部”。同时为提高防毒能力，有的工事设置二三道防毒门帘，形成防毒通道。但这种掩蔽部内空气有限，使用时间很短。为解决工事的供气问题，法国军队首先采用装填泥土颗粒的过滤器，并配有通风装置，将外界空气经过滤器净化后引入工事内供人员呼吸，同时能在工事内造成比外界略高的气压，以阻止染毒空气由工事的孔缝渗入。英国军队则用化学药剂或化学药剂浸渍的土颗粒充填过滤器，提高滤毒效率。随后又采用木炭、活性炭作为过滤材料。这种设有密闭、滤毒通风及防毒通道的工事基本构成了现代三防工事的雏形。

第二次世界大战期间，许多国家采用浸渍活性炭和滤烟纸板的过滤器，木制密闭门、橡胶密闭门等密闭器材，提高了工事防蒸气和气溶胶状毒剂的能力。中国军队在抗日战争期间，成功地创造了地道战，打得日军晕头转向。日军为对付地道战，曾多次使用毒气，但都被我抗日军民因地制宜制造的多种集体防护器材拒之于地道工事之外。

现代工事一般都安装了完善的集体防护设施，除防化学武器外，还能防核、生物武器。按照防毒作用区分，有过滤式和隔绝式两种。过滤式是前面所说的利用滤毒通风装置，滤除外界空气中的毒剂，供给工事内人员必需的新鲜空气。隔绝式则是采取密闭措施，防止外界染毒空气进入工事，人员利用工事内的氧气再生装置供氧呼吸。

利用工事防护实际上只解决防御一方的问题。如果在进攻中对方突然使用毒气，没有了工事防护那怎么办？

为了解决这个问题，美国于60年代开始研制移动式集体防护器材，并于70年代初装备了M51型野外轻便掩蔽部，它是由掩蔽部、通道、过滤器、环境控制器、动力装置和汽车拖车组成。很像活动的房子，由软层压材料构成的双层墙，墙壁支柱是管状的，可以充入空气将房子顶起。由5人展开只需30分钟。另外还有一种可容纳2～6人的M15型集体防护装备。它们用做化学、生物武器的防护指挥站或用作战地的安置收容所、休息站，士兵可以在里面缓和一下因穿着防毒服而产生的疲劳。

20世纪70年代以来，一些国家大力发展组装式集体防护器材。包括滤毒通风装置和折叠式增压防毒通道，以及由不透气材料制成的帐篷。使用这种器材便于空运或车载，只要少量人力即可迅速构筑或展开，适于野战使用。外军还把集体防护器材安装到了车上，目前许多先进的坦克、装甲输送车、救护车等都有优良的集体防护设施。在战斗中一旦遭敌化学袭击，这些器材便能自动开启，车内人员不需要带面具就能正常工作。现在甚至有些国家还把集体防护器材装到了直升机上。这些都大大提高了军队在化学条件下作战的能力。

彻底消除毒害——洗消装备的使命

军用毒剂的种类不同，其作用方式也是不同的，有些毒剂施放后在几十分钟内就随空气的流动烟消云散了，而有的毒剂则能长时间滞留在地面、武器装备、暴露的物资等物体表面，持续起作用，少则几小时，多则十几天，人员一旦沾上这些滞留的毒剂同样会中毒。也许你会说，让它一边呆着去吧！但是在你死我活的战场环境中，没有选择的余地，部队必须要从这染毒的地区通过，要使用沾了毒的武器，要占领到处是毒剂的阵地，该怎么办？就需要进行消毒，彻底消除毒剂危害，而这就是洗消装备的使命。洗消的原理其实很简单，即通过消毒剂与毒剂进行化学反应，生成无毒物质，而达到消毒目的。但是对不同的消毒对象，就要用不同的消毒方式和手段，也就产生了各种洗消装备。洗消装备是在第一次世界大战期间出现的。

1917 年 7 月德军使用芥子气后，交战双方相继配备了装有漂白粉及高锰酸钾等消毒剂的简易器材。

20 年代以来，逐渐形成了比较配套的洗消装备，第二次世界大战后，各国对洗消装备又进行不断改进，性能有了很大提高。这些洗消装备可分为对个人消毒、对服装装具洗消，对武器和大型兵器洗消、对地面和固定设备洗消等若干种。

个人消毒器材：各国多采用个人消毒盒，美军使用的是个人消毒与再浸渍盒（盒内装有消毒剂、浸渍粉的布袋、颜料胶囊、一把剪刀和一个装皮肤消毒粉的袋），可对皮肤、服装、装具进行消毒，对全套衬衣进行再浸渍。

1989 年，美军又装备了新一代产品 M291 型固体消毒包，该包由 6 个箔纸包裹装填有无纺纤维垫，其优点是对液态毒剂有高效吸附能力，无毒、腐蚀性小，且大大减轻士兵携带消毒剂的负担。俄军装备有专门洗消 VX 和梭曼毒剂的消毒盒，每个盒可以对 10 个人的手中武器和 10 套军服进行消毒。盒内装有一种分散性良好的细粉状吸着剂——硅酸铝的布包，可对染有梭曼的夏服和冬装进行消毒。这种消毒盒平时存放在各种战斗及运输车辆上，需要时可立即发给人员使用。

消洗车辆：专供对大型武器装备、技术兵器及地面洗消。如前苏联的 APC－14 型自动喷洒车，可供消毒、消除放射性沾染和灭菌。有加热装置，不受气候限制，装备于专业洗消分队。前苏联还有一种 TMC—65 喷气涡轮洗消车，曾享誉世界，消毒时利用涡轮发动机喷出的热气流加热使毒剂蒸发或分解，不需要消毒剂。其优点是消毒时间短，一辆坦克只需一分半钟，其他车辆需一分钟。在一些国家还有供特殊使用的洗消装置。如火炮消毒盒、空军技术器材洗消装置、火箭技术器材洗消装置等。

尽管当今世界局势进一步趋向缓和，全面禁止化学武器条约的签订，使人类遭受化学武器袭击的可能性大大减小了，但是仍在不断研究和改进洗消装备。

洗消剂是提高消毒质量和效率很重要的一个因素。目前所用的洗消剂通常是漂白粉、三合二、次氯酸钙及氯胺类消毒剂，由于这些物质有较强的腐蚀性，消毒能力还比较低，因此多年来，各国一直在寻找一种低毒、无腐蚀、多效的新消毒剂。主要研究方向：一是寻找固体消毒剂，这种洗消剂有很强的吸附能力，可以快速吸取受染物体表面的毒液而达到消毒目的；二是开辟催化洗消的新路，研制能加速毒剂水解的物质，如果能成功，仅用很少量的这种消毒剂，就能大大提高消毒速度，而且武器装备洗消后能立即使用，不需用水冲，减轻了后勤负担；三是采用微包胶消毒剂以提高消毒剂的使用效率。

在洗消器材方面，在继续发展单兵使用的自消器材，研制对人员皮肤无刺激作用的、耐腐蚀、低毒、以固体吸附性材料为主体的个人消毒包和消毒手套或消毒药膏的同时，将大力发展机动、快速、高效的高温高压小型洗消器材。这类器材利用高温高压不仅对坦克、车辆等大型装备，而且对飞机表面，对航空母舰、直升机内部均能实施有效、彻底、快速洗消，另外为适应现代战争，保证武器、装备、人员在化学条件下的生存力和战斗力，还将着力发展多功能、自动化的大型洗消器材。这类器材将采用远距离和计算机控制，甚至由机器人操作，提高工作效率，同时具有较高的机动性能，以执行边远地区军事任务或紧急任务。

对化学武器防护的基本方法

面对滚滚袭来的“毒魔”，也许你认为有了各种防护器材就可以不用怕了，其实不会很好利用也是徒劳的；要是没有器材，又该怎么办？这里面大有学问。

穿戴严密，“纹丝不透”

1953年5月25日8时，在抗美援朝前线第67军某排防守的高地上，突然遭到美军一阵炮火袭击，狡猾的敌人在普通炮弹中夹杂有数发毒剂弹，其中一发正好落在坑道口爆炸。坑道口虽有防毒设备，战士们还都配发有防护器材，但由于佩戴不及时、不密合，致使5人中毒。这个例子向我们说明，即使有了防护器材，不会及时、正确地穿戴，同样达不到防护的目的。因此必须加强训练，要像使用手中武器一样掌握防护器材的使用。

穿戴防护器材，关键要做到及时和严密。所谓及时，就是要掌握好穿戴防护器材的时机。当听到毒剂报警器突然报警或者听到有化学袭击警报时；怀疑有化学袭击和进入怀疑染毒地区时；发现有敌机布洒毒剂或突然遭到敌化学炮弹袭击时；发现周围的人员出现异常症状时，就应不失时机进行防护。宁可信其有，不可信其无，当发现确实无毒剂威胁时，再脱掉面具。严密就是要正确穿戴防护器材。要达到防护的气密性，首先要选择合适的防护面具和服装，并进行试戴和试穿。因为每个人的身体外形都不一样，选配过大，气密性就不好，特别是防毒面具，太大就不能跟脸形充分闭合，呼吸时有毒空气就会漏进去，而失去防毒的功效。其次要检查面具的滤毒性能，调整好头带，并仔细察看防毒衣的外表有无损坏，然后再穿戴。

当戴上面具后，要用力呼一口气，尽量将未戴前存留在面罩内的残余毒剂，从呼气活门排出去。戴上面具后，会给呼吸带来一定阻力，使人有憋气的感觉，甚至有的初戴者伴有心脏跳动加快等不适现象，因此，呼吸时力求做到缓慢深长。平时也要加强这方面的适应性训练。只要实施正确及时严密的防护，“一丝不透”，毒魔就难以缠身。

利用工事，隐蔽防护

现代的永备工事一般都安装有完善配套的三防设施，而许多大城市也有设备齐全的人防工事，这些工事都有良好的防毒功能。因此利用工事进行防护是比较安全可靠的防护方法，而且避免了戴面具的麻烦。但是使用工事进行防护应遵守一定的原则：当听到化学袭击警报时，人员根据命令迅速有秩序地进入工事并关闭防护门，堵塞可能的孔洞及其他管线。人员在工事内应自觉遵守纪律，保持安静，一切行动听从指挥，严禁烟火及不必要的走动，尽量减少氧气的消耗，时间稍长要进行清洁通风。

通风前应对外界空气进行化学侦检，待查明染毒的种类和浓度后再决定通风的时机和方式。在外界染毒情况下，应尽量避免人员出入，以减少毒剂带入工事内部。当人员必须进入工事时，应分组进入并在防毒通道内稍停留，将受染的服装、装具脱下，并放入密闭的塑料袋内，再进入工事。人员进入工事时，一次只能开启一道密闭门，不准同时打开相邻的两道门。当化学袭击过后并查明外界空气已清洁时，使用过的工事应打开门进行通风。

积极行动，消除毒害

敌人实施化学袭击后，造成空气、地面、人员、物资染毒。为减少或避免伤害，必须积极行动，及时消除毒害。人员沾了毒剂怎么办？这不用惊慌，尽管军用毒剂毒性很大，但是毒液并不能马上渗透到皮肤里面去，沾了毒及时进行处理，是不会引起中毒的。如果染毒部位在眼睛、口腔、伤口等部位，可用2%的小苏打或清水冲洗。眼睛染毒时，要迅速闭嘴侧脸，用手撑开眼睑，将清水轻轻注入眼内，让水从脸的一侧流出，反复进行冲洗。当皮肤染毒时，应先用布、纸、干土将毒液吸去，然后用棉球蘸取消毒液，由外向里擦拭染毒部位。没有制式消毒液时，可用碱、小苏打、石灰、草木灰、肥皂水溶液擦洗染毒部位。对染毒严重的人员，应利用附近河流上游的水或到洗消站进行全身洗消。

对染毒服装，可根据不同的染毒情况采取相应的消毒方法。如果服装是局部染毒，只要对染毒部位进行相应消毒即可；如果是吸附了毒剂蒸气的服装，只要置于通风的地方进行晾晒，使毒剂自然蒸发、分解就可以了。对染毒严重的服装，必须用水反复冲洗，实在不行的要就地掩埋或火烧销毁。对于大型武器装备的消毒，通常由专业防化洗消兵，运用专门的洗消装备来完成。对精密器材或小型武器技术装备，由个人利用战斗间隙，使用汽油、酒精等有机溶剂将毒剂擦洗掉。对于轻武器，应先用棉花、旧布将毒液吸走，然后用消毒剂自上而下反复擦洗，凹槽及擦拭不到的部位都不能遗漏，活动部位还应将它分解开后再消毒。经过消毒擦拭后的武器应用清水反复冲洗，然后用干净布擦干，上油保养。

对于染毒的地面，通常采用洗消车辆或其他就便器材，将消毒液喷洒到染毒地面进行消毒。这种方法消毒比较彻底。当没有消毒液时，可用铲除法将染毒土层铲掉，也可用覆盖法在染毒地段覆盖一层干净的土或稻草，还可用火烧法使毒剂蒸发、分解等简单消毒措施。

食物染毒一般不能食用，消毒时应视食物种类、染毒状况，而采取铲除、通风、洗涤及掩埋等方法。如鱼、肉、蔬菜、瓜果等被毒剂蒸气薰过后，可用温水反复冲洗；若沾了毒剂液滴，先除去表层2～5厘米，而后用水彻底洗涤。必须引起注意的是中毒死亡的动物一定不能食用。粮食和盐接触了毒剂蒸气后，应先进行通风和日晒2～3天，若染了毒剂液滴应将表层去掉4～6厘米，其余部分再进行通风和日晒。对有包装的食物，先用漂白粉浆或碱水对外表消毒，打开后去掉被污染的部分，再进行通风，经检验无毒方可食用或重新包装；对金属或玻璃包装的食物只作表面消毒处理就可以了。但是对于染毒食物必须遵循一条原则，就是无论消毒如何彻底，不经化验或试验（动物试食）不得直接食用。

染毒水源一般也不能饮用，如急需取用，必须彻底消毒。最可靠最快速的是用制式净水器，许多国家的军队都装备这类器材。此外，比较就便的方法是在染毒水源旁挖渗水坑；使水渗入坑内，将染毒水经沙层过滤一遍，再提取消毒或净置，有条件时可加明矾促使水迅速澄清。消毒后的水应化验、待确定无毒后才可饮用。当已确定是何种毒剂污染水源时，如果浓度不高，可用煮沸法，敞开锅煮20～30分钟，此法对梭曼、沙林、芥子气染毒比较有效。

随手应急，简易防毒

对于毒气，除了用制式的器材、集体工事防护外，利用简易、就便的器材也能起到防护的目的。在第一次世界大战期间，为了防氯气，人们采用碱水浸的口罩，有时没有口罩甚至用尿液浇到衣服上，捂住鼻子和嘴取得防毒效果。临时用毛巾包上一把土或浸上水，拧干后，捂在嘴和鼻子上也能防毒。同时为躲开毒云，应辨明风向，向毒云上风方向跑。学些简易防毒知识是很必要的。不光是敌人会使用化学武器，如果附近的化学厂一旦发生事故，泄漏出的有毒物气体也会产生很大的毒害作用。

1984 年 12 月 2 日 23 时，美国联合炭化公司设在印度博帕尔的一家农药厂，其地下车间储藏的一种叫异氰酸甲酯的剧毒物质突然发生泄漏，毒气云团迅速笼罩了厂区上空，并很快向四周扩散，在场上夜班的 120 名工人无法控制泄漏，在毒云的驱赶下纷纷逃命。

当局得知此事，立即采取措施，经过一个多小时的努力，终于封往了储气罐，但罐内 45 吨毒物已泄漏殆尽。泄漏的毒气云团和着夜幕，如脱缰的野马，肆无忌惮地在漆黑的夜空中弥漫着。它无声无息地潜入 11 个居民区，向正在梦乡中的居民袭来。数百人在酣睡中被夺去了生命；而一些被异味和窒息感惊醒的人们，竞相逃到户外，茫然不知所措。他们站在漆黑的夜色中，不知发生了什么事情。云团中的毒气越来越浓，播散的范围也越来越大，基本上将整个博帕尔城吞噬了。在茫茫黑夜中，人们因感觉窒息难忍，盲目地狂奔。很多人头晕目眩，恶心呕吐，精疲力尽，严重的人神智昏迷，失去知觉，瘫痪在马路上再也起不来了。全城陷入极度恐慌和混乱之中。

天亮以后，人们才逐渐看清：毒气云团犹如厚厚的浓雾，悬浮在自己头上，俨然是一场大规模的化学战。情况最惨的是那家农药厂附近的一处贫民窟，街道上到处是鸡、猫、狗、牛等家畜及飞鸟的尸体。老人和小孩受害最严重，占了这个地区死亡者的大多数。博帕尔市的医院挤满了受害者。

据统计，这场灾难性事故使博帕尔这个拥有 80 多万人口的城市近 1/4 的人受害，其中 2500 人死亡，5 万人双目失明，15 万人接受治疗，20 万人逃离该市。其伤亡人数大大超过历史上任何一次化学战。

又如 1991 年 9 月 3 日，江西上饶县沙溪镇发生一起农药泄漏的重大事故，2.4 吨液态甲胺泄漏，造成 22 万余平方米的地域染毒，由于事故也是发生在夜里，镇里许多人都已睡觉，在不知不觉中有 651 人中毒，其中 35 人死亡，就连田里的牛，洞中的鼠、蛇，水中的鱼也难以幸免。然而，在这场事故中有一对年轻夫妇懂得一些防毒知识，当闻到有异味时，立即浸湿毛巾，堵住嘴和鼻，并夺门向毒雾的上风方向跑去，结果未受任何伤害。

目前我国有大中型化工企业 5000 多家，生产的有毒化工原料中间体就有 8000 多种。平时一旦发生泄漏，或者战时敌人进行轰炸破坏，都会引发不小的灾难。因此，我们每个人，都需要掌握一些必要的防毒知识，当发生化学事故时，及时采取有效措施，化险为夷。

及时救护，起死回生

采取各种防护措施，虽然可以减少化学武器的杀伤，但仍不可避免地会遭受伤亡。为避免因毒剂的侵害而引起进一步伤害，必须积极开展自救互救，学会相互间查看染毒部位及中毒症状，进行必要的药物治疗。

当发现有人中毒但未查明是何种毒剂时，为避免中毒人员继续受毒剂侵害，对面部的染毒部位进行消毒后，应迅速给其戴上防毒面具，如情况允许，人员应撤离染毒地区，将受染人员转移到上风方向或安置于空气流通处。对受暂时性毒剂伤害的轻伤员，只要让清洁空气的小风拂面而吹，症状很快就会消失。

在查明是何种毒剂中毒时，对受染人员应做对症治疗。当查明是神经性毒剂中毒时，可立即自动注射解磷针，这是治疗神经性毒剂中毒的特效针剂。其使用方法是：将注射头对准肌肉并压紧，顺时针拧动针体，针头就会拧出并扎入肌肉里，自动进行注射。没有制式解磷针，也可根据中毒程度肌肉或静脉注射一种叫阿托品的药物，通常对重度中毒者使用 5 ~ 10 毫克，中度中毒者使用 3 ~ 4 毫克，轻度中毒者使用 1 ~ 2 毫克。如果半个小时后症状仍未减轻，就参考上述剂量再注射。对于糜烂性毒剂中毒，如芥子气，对染毒部位应先用纱布或棉球将毒剂液滴吸去，然后用 1∶10 的次氯酸钙悬浮液或 20% 的一氯胺酒精溶液进行局部消毒。一旦误食要及时催吐。

人员接触路易氏气后会产生剧烈的疼痛感，可用5%二巯基丙醇软膏消毒。对皮肤出现的红斑，可用3%硼酸溶液或0.05%高锰酸钾溶液湿敷。如出现水泡，可用清凉油或14号软膏包扎。对溃疡可进行红外线照射，防止进一步感染。

如果是全身中毒性毒剂，对中毒人员可立即吸入亚硝酸异戊酯，但最多不得超过6支安瓶。急救时可辅以人工呼吸，或者进行抗毒治疗，先静脉注射3%亚硝酸钠10毫升，再注射25%硫代硫酸钠50毫升。若中毒症状出现重复，可静脉注射第一次剂量的一半。

对窒息性毒剂中毒人员，如果在染毒区必须先给其戴上防毒面具，迅速离开毒区，卸下武器和身上各种装具，使其呼吸顺畅，保持安静，减少体力消耗，可能的话就口服或注射镇静剂。呼吸困难时，应立即供氧，迅速送往医院，特别要注意的是严禁做人工呼吸。

一旦有人中了失能性毒剂，应对中毒人员肌肉注射10~20毫克解毕灵，一日两次。或口服依色林1~3毫克，一日两次，如出现肢体抽搐症状，可酌情慎用安定剂。对出现严重高烧的中毒者，可采取降温给氧，同时静脉滴入5%碳酸氢钠溶液200~400毫升。

战争是残酷的，战场上敌人实施化学袭击，常常伴随着常规武器的多种杀伤，有时还可能是几种毒剂混合使用，人员不仅有外伤，同时还有毒害。在这种情况下，首先就阻止毒剂继续由伤口吸收，进行止血，消毒。在运送伤员过程中要避开染毒区，要尽量避免或减少担架和车辆染毒，在送到医院或救护所之前，应先对担架、服装、装具进行消毒处理，以免将毒剂带入急救室内，引起交叉染毒。

生化武器的未来

生物武器的“君子协定”

生物武器自开始使用于战争时起，就引起了国际上的关注。联合举行了多次国际会议，制定了一些相应的协议和公约，想以此来限制生物武器的发展，制止生物武器用于战争。但是，实际表明，历来的国际协议、公约都未能有效地制止生物武器在战争中的使用。

与此相反，随着科学技术的发展，研制生物武器已由少数几个大国，扩展到世界上几十个国家。尽管有些国家不敢正式承认拥有生物武器，但那不过是世人皆知的公开的“秘密”。

海牙国际总部

最早的国际公约在 1907 年第二次海牙国际和平会议公约第 23 条中规定：“禁止使用毒质或含有毒质的兵器。”由于当时历史条件，虽没有直接提到细菌武器一词，一般认为“毒质”也应包括细菌。到第一次世界大战初期，德、奥、匈、法、意、俄、美七个国家，已从事细菌武器的研制。

1925年6月17日，日内瓦会议制定的议定书（日内瓦公约）中明确规定："禁止用毒气或类似毒品及细菌方法作战。"但是实际情况与议定书恰恰相反，研制与发展生物武器的国家却日益增多，到第二次世界大战前夕已发展到包括阿根廷、奥地利、比利时、保加利亚、哥伦比亚、捷克、丹麦、芬兰、法国、德国、希腊、匈牙利、意大利、日本、荷兰、挪威、波兰、葡萄牙、罗马尼亚、西班牙、瑞典、瑞士、土耳其、英国、美国等30多个国家。目前有几十个国家有生产生物武器的能力。

日内瓦会议

禁用生物武器中存在以下3个突出问题：

（1）平时和战时难分。一个国家为了发展工农业生产和改善人民生活，平时有必要研究各种化合物和微生物。如在农业上，为了消灭有害昆虫和防治伤害动、植物的各种病菌，就要研制杀虫剂、灭菌剂、消毒剂等；为了防治小麦黄矮病，既要研究这种传染病的病毒，又要研究传播病毒的昆虫（叶蝉、二义蚜、乙虱）；在医学上，为了防治人、畜疾病，也需要研究致病微生物，以免疫病流行。1963年，美国人证实前苏联已在一个城市上空喷洒四种菌的疫苗气溶胶，使全城居民免疫，名曰"集体吸入防护"。

（2）进攻和防御难分。生物防治疫苗的研制及防御措施的制定，也需经过研究、试制、生产、试验、储存、训练和使用等一系列过程，这与制造生物武器的过程一模一样。在第二次世界大战初期，英国在苏格兰西北岸边的岛上喷洒炭疽杆菌，曾声称是为了试验生物防御的可能性，以便研究防护措施。但是，为了加强防御的针对性，必须同时研究新型生物战剂的制造和使用规律，而研究生物战剂易打着"防御"这个旗号来掩盖其发展进攻性生物战剂的目的。

（3）民用和军用难分。民用喷洒农药用的飞机和农用喷雾器及城市洒水车等工具，在战时就可以改装用来施放生物战剂。化工厂、微生物发酵工厂和酿酒厂，在战时只要经过若干改装，并加强安全措施，就可能生产生物战剂。

随着生物武器研制国家在全世界范围内逐渐增加，世界禁止生物武器的呼声也越来越高。因此从 1959 年开始在加拿大进行的非官方的“帕格沃希”国际运动，以及瑞典的斯德哥尔摩国际和平研究所，均对制订国际间禁止生物武器条约做了大量的舆论工作。尤其是“帕格沃希”组织先后召开了 9 次会议，为 1971 年 12 月 16 日联合国大会制定并通过《禁止试制、生产和储存并销毁细菌（生物）和毒剂武器公约》奠定了基础。全世界有 150 个国家和地区参加了这一公约的制定。到 1984 年 10 月止，全世界有 129 个国家和地区在该条约签了字，这是继 1925 年日内瓦公约后，为国际上承认国家最多的条约之一。

中国 1984 年 10 月加入了《禁止试制、生产和储存并销毁细菌（生物）和毒剂武器公约》，同时阐明了中国政府对生物武器的立场。中华人民共和国政府声明：禁止生物武器公约的基本精神符合中国一贯的立场，有利于世界上爱好和平的国家和人民反对侵略，维护世界和平。中国曾是生物（细菌）武器受害国之一，中国从来、将来也不会生产拥有这种武器。但是，中国政府认为，公约仍是有缺陷的。例如，公约没有明确规定禁止使用生物武器，没有具体规定有效的监督和核查措施，对违犯公约事件的控诉程序也缺乏有力的制裁措施。中国政府希望在适当的时候能予以弥补和改进。

目前看来，尽管 1971 年通过的禁止生物和毒剂武器的公约，尚有缺陷，但它反映了世界上爱好和平的国家和人民的共同利益和愿望，因而已为世界上多数国家所承认。

1996 年 12 月在日内瓦召开的国际会议上，为在 2001 年以前“尽早”建立一套核查体制，以检查 1971 年通过的（禁止）生物武器公约的遵守情况，在已经批准禁止生产生物武器公约的 138 个国家中，有 80 个国家的专家参加了这次每四年举行一次的例行审议会议。会议没有通过关于把 1998

年作为核查的最后期限。一位西方外交使节抱怨说："我们甚至没有能使立场相互接近。"虽然有些国家签署了禁止生物武器的公约，但是并不等于这些国家就不再研究、发展生物武器。实际上，公约本身并不能成为它所宣布的有效裁军措施，它并没有具体的监督和核查的措施。他们完全可以在一般微生物学、遗传学研究和防护措施研究的掩盖下，从事新的生物战剂的研究。

化学武器的国际关注

在化学武器诞生之初，人类就一直致力于禁止化学武器的努力，历史上制订的国际公约、宣言就有 10 多个，然而战争一次又一次地把化学武器推上战争舞台，使人类做出的种种努力都付诸东流。

但是爱好和平的人们并没有气馁，经过不懈努力，在 1993 年 1 月 13 日，联合国在法国巴黎召开了《关于禁止发展、生产、储存和使用化学武器及销毁此种武器的公约》（简称《化武公约》）缔约国大会。这是迄今为止最全面、最彻底的禁止化学武器公约。

那么它是怎么演变而来的？它的生效将对世界局势产生什么影响？化学武器将走向何方，是否将从此退出战争舞台了呢？

曙光来临

化学武器与常规武器不同，它从诞生之日起就受到舆论的反对和道义的谴责，特别是化学武器使用后，造成巨大的伤亡和受害者濒临死亡时痛苦挣扎的情景，使化学武器落下了一个野蛮和不人道的坏名声，使用这种武器被认为是与现代文明准则不相容的。因此可以说，在这种武器出现的同时，就出现了禁止使用这种武器的要求。

早在 19 世纪末，当时欧洲一些发达国家就预感到了化学战的威胁，因此在第一次世界大战前，进行了一系列化学军备控制的早期尝试。

1874 年，由俄国沙皇发起的，有欧洲所有重要国家参加的布鲁塞尔会议上，第一次对禁止使用化学武器进行了讨论。在会议发表的宣言中指出

“禁止使用毒质或含有毒质的兵器”。

在1899年召开的第一次海牙和平会议上，对禁止在战争中使用化学武器又进行了专门讨论，并发表了《禁止使用专门用于散布窒息性或有毒气体的投射物的宣言》。

在第二次海牙会议上，经过协商，又在陆战法规中增加了一个附件，其中第23条规定：“禁止使用毒物或施毒武器。”

从总体上看，第一次世界大战前欧洲一些发达国家对禁止使用化学武器表现了强烈愿望和关注，但还没有形成一个完整的公约，这些宣言还只能算作化学军备控制的早期尝试，它虽然对以后的化学武器裁军产生了重大影响，但是，它对当时各国生产、储备和在战争中使用化学武器没有起到限制作用。

由于化学武器的巨大军事使用价值，第一次世界大战期间，参战国部积极地生产和储存化学武器。战争中作战双方都把化学武器作为重要的作战手段，据统计，一战中参战国共准备了19万吨毒剂，使用于战场的就达11万吨，遭到化学武器伤害的达130万余人，产生化学武器恐惧症而失去战斗力的伤员就达260万人。第一次世界大战中，充分显示了化学武器的大规模杀伤性和残酷性，引起了公众的强烈谴责，要求禁止在战争中使用化学武器的呼声越来越高。许多国家都希望能制定一个禁止在战争中使用化学武器的国际公约。

就在第一次世界大战结束不久，赢得战争胜利的英、法、美等国家为了防止战败国德国东山再起，在1919年签订的《凡尔赛和约》中规定：“禁止德国制造、试验和储存化学武器。”由于这一和约是战胜国强加给战败国的，它的作用极其有限。一战后，美、英、法、日本、德、意大利都在积极扩大各自的化学武器生产和储备。因此，国际社会意识到，在今后的战争中，可能大量使用化学武器，必须制定一个对世界各国都起作用的禁止使用化学武器公约。

从1920年开始，当时的国际联盟每年的裁军会议都把禁止使用化学武器作为讨论的议题。经过5年的谈判，终于于1925年6月17日由38个国家在日内瓦召开会议，通过了《关于禁用毒气或类似毒品及细菌方法作战议定书》，也被人们称作《日内瓦议定书》。其主要内容包括："禁止战争中使用窒息性、有毒或其他气体，以及一切类似的液体、物体或一切类似的方法。"

该公约是历史上第一个世界范围内禁止使用化学武器的国际法律文书，其基本精神和宗旨是积极的，被世界大多数国家所接受，先后有130多个国家在该公约上签了字。应该说，公约起了一定的积极作用。突出表现在，一旦使用会受到世界舆论的谴责，各国不敢贸然使用化学武器，即使使用也是偷偷摸摸的，并千方百计地销毁罪证。因此，长时间以来，虽然化学武器的军事价值很大，但没有成为随时可用的制式常规武器。日内瓦公约起到的积极作用应给予肯定，但是，它有严重的局限性和不足，一是它禁止的范围不够全面，它只禁止在战争中使用，而不禁止化学武器的发展、生产和储存，这对于防止化学战只是治标不治本的办法；二是它对毒剂的定义不够明确和严格，各自可作出不同的解释，给禁止使用带来了困难；三是许多国家在加入或批准公约时，保留了反击的权利，而在实战中容易借助反击的幌子使用化学武器。

由于公约本身存在的这些缺陷，加上化学武器的特殊杀伤效能和具有较高的军事使用价值，虽然有了日内瓦公约，也没能阻止其在战争中使用。如此后的意大利入侵阿比西尼亚（埃塞俄比亚）的战争、日本侵华战争都大量使用了化学武器。而且，由于科学技术的发展，化学武器的发展也突飞猛进，杀伤效果越来越大，储存量越来越多，对人类的威胁更加严重。因此，世界多数国家企盼制定一个更加严格的全面禁止化学武器的公约，以便能够减少化学武器对人类的威胁。

联合国成立后，在1948年联合国常规军备委员会第一次会议上确认，核化生武器同属于大规模杀伤性武器，应列入裁军范围。但是在第二次世界大战不久的日子里，化学战的危险在一定程度上确实被人们低估了。特别是由于大战中各交战国至少积累了50万吨化学毒剂而实际上原封不动这一事实，再加上战争末期广岛、长崎上空原子弹爆炸的巨响，似乎淹没了人们对化学战危险的注意。国际社会的注意力都集中在核武器方面。

以后，在50年代到60年代的20年间，由于当时紧张的冷战气氛，人们关心更多的就是美苏核武器的发展。化学武器虽然多次被提案，但没有取得任何进展。

到了60年代末，美、苏的核武器达到超饱和状态，形成核均势，一旦发生核大战会两败俱伤。当时国际上的看法是发生核战争的可能性小，而战争中使用化学武器的可能性大。因此，1968年联合国把化学武器裁军又列入18国裁军委员会的议程，讨论全面禁止化学武器问题。但是由于化学武器具有其他武器无法替代的重要军事价值，加上当时的冷战气氛，美苏在进行化学军备竞赛，谈判中互相指责，而发展中国家一直视化学武器为抵御超级大国核威慑的“穷国原子弹”，也在积极地想拥有它，而迟迟达不成协议。

1978年，联合国决定把化学武器裁军列为多边谈判的紧迫任务，并于1980年成立了特设小组，具体研究化学武器公约的内容和谈判中应解决的问题。由于当时美苏在核查问题上争论不休，谈判进展缓慢。到了80年代中期，前苏联接受了关于核查的立场，为公约的签订带来了转机，特别是前苏联的解体和海湾战争中伊拉克对多国部队的化学战威胁，促使美、俄化学战政策的转变，美、俄把防止化学武器扩散作为考虑的主要问题。

海湾战争结束后不久，美国总统布什于1991年5月13日发表了一项声明，声称为表示美国对禁止化学武器的责任，美国将在禁止化学武器公约生效之日，正式宣布不以任何理由对任何国家使用化学武器；美国还将在公约生效后10年内无条件地销毁它储存的一切化学武器。他建议所有其他国家也都这样做。这一声明标志着美国化学战政策的重大转变。因为在此之前，美国化学战政策的核心是化学威慑，即保持强大的化学战攻防能力，以使敌人不敢发动化学攻击。而一旦敌方使用了化学武器，就以牙还牙进行化学反击。

而且在化学裁军谈判中，美国曾一直坚持，在所有拥有化学武器国家加入《化武公约》之前，美国将保留其全部化学武器储备的2%不予销毁。布什的这个声明等于是放弃了这一传统的政策。这为化学武器公约的最后达成协议扫除了一个重大的障碍。

而对于某些极力想谋求获得化学武器的第三世界国家来说，海湾战争的结果无疑是一付清醒剂。他们看到，化学武器的作用很有限，用它对付没有防护、缺乏训练的穷国军队也许还有相当的威力，而对付装备精良、防护完善、训练有素和高度机动的富国军队就根本起不到所谓“原子弹”的作用了。而对大多数第三世界国家也无意获取化学武器，更无意也无法与超级大国进行化学军备竞赛，他们更关心的是大国能销毁现有的化学武器，不管怎样，销毁了现有的化学武器及设施，在很大程度上会减小化学战的现实威胁。

不同的国家出于不同的考虑，在公约中找到了汇合点，因此在 1992 年 11 月 12 日第 47 届联大会议上，通过了化学裁军小组起草的新的全面禁止化学武器公约。自此，百年化学裁军的漫漫征途出现了曙光。

公约的作用及对世界局势的影响

《化武公约》是人类和平的心血凝结，反映了爱好和平的人们的共同心声，目前已有 160 多个国家在该公约上签字。公约第二十一条规定，自第 65 份批准书交存之日后 180 天起生效。1996 年 10 月 29 日，匈牙利向联合国递交了批准书，成为第 65 个正式批准《化武条约》的国家，这就意味着这个具有历史意义的条约将于 1997 年 4 月 29 日正式生效，人们翘首企盼的全面禁止化学武器的这一刻到来了！

《化武公约》明确规定：“禁止发展、生产、储存、保留化学武器；禁止转让或鼓励他国从事公约禁止的活动；禁止使用化学武器（包括控暴剂）；销毁所有化学武器及生产设施（包括遗留在他国的化学武器）。”与以前的公约相比，新公约禁止内容就更全面，要求化学武器的销毁也更彻底，包括改装或拆除现有的生产设施，而且对禁止化学武器的有关重要名词术语都给予了科学定义，并指出公约生效后，每个缔约国必须在 30 天内公开宣布其是否拥有化学武器和生产设施。如果有，则应宣布其品种、数量、储存地点、消耗、销毁和转让等公约义务有关的详细情况。此外，公约还在核查、制裁等方面制定有严格的措施，并设有专门的执行机构。因此该公约是比较全面、严格、彻底和有约束力的国际性法规。这是裁军公约史上绝无仅有的。

公约的生效将大大减少化学战的现实危险。根据公约规定，每个缔约国在公约对其生效后30天就要宣布它所拥有的化学武器及其生产设施，并将其立即封存，然后按规定逐步加以销毁。尽管全部化学武器销毁的总过程要长达10年甚至15年，但此期间，所有的化学武器储存和生产设施都要置于严格的国际监督之下，并随时接受现场视察。

因此，应当认为，这些储存和设施尽管还没有被实际销毁，但已不再能随意被用于化学战目的。公约尽管允许生产化学武器的设施进行改装，但改装设施必须是不可逆转的，即以后再不能用于生产化学武器，而且改装完成之后仍要允许视察员随时不受阻挠地察看设施。另外，公约中极其严格的核查制度也是任何秘密生产化学武器难以逾越的障碍。因此，公约的签订虽不能说完全消除了化学战的现实危险，但却使这种危险大大减少了。

公约生效也将有效遏制化学武器的扩散势头。公约中规定了不生产化学武器的严格的核查措施，把有可能规模生产化学武器的化工厂都置于经常性的国际监督之下，并按规定进行现场视察。由于有了严格的核查措施，任何一个国家要想秘密生产化学武器而不被发现是非常困难的，甚至几乎是不可能的。这样一来，公约就有效地遏制了化学武器的进一步扩散。而遏制化学武器扩散，也就进一步减少了发生化学战的危险。这将对维护世界和平与安全产生积极影响。

化学武器真能消声匿迹吗

应该肯定，《化武公约》是一个比较严谨、比较周密的国际法律文书，它对世界局势的稳定发展将起到不可估量的作用。但也应看到，正如许多专家指出的那样，它仍然存在着一些含混不清的地方和漏洞。

（1）公约不禁止研究，对“发展”缺乏明确的定义

根据公约的规定，研究（包括防护性研究）属于不加禁止的范围。而研究阶段很难将防护与进攻截然分开，这就为研究新的、战斗性能更好的化学毒剂，或者改进施放技术制造了借口，他们可以说这是防护研究的一部分。

因此，不难想象，一些发达国家依靠其先进技术仍将进行对化学武器的研究，特别是公约没有明文禁止的新毒剂。另外，公约对所禁止的“发展”活动缺乏明确的定义，在定义中没有对发展作任何进一步的界定，只是在第三条1款（d）项中提到了试验和评价场。这是很不全面的。例如随着模拟和仿真技术的进步，发展化学武器并不一定要经过试验场的野外试验和评价。难怪俄罗斯化学兵前副司令伊·叶夫斯塔菲耶夫少将就曾指出这是公约的一个很大漏洞。

（2）公约只能消除现实的化学战能力，无法消除潜在的化学战能力

根据公约的规定，现有的一切化学武器将要被销毁，一切化学武器生产设施也将被销毁和拆除，或改装用于公约不加禁止的目的，并对具有一定生产能力的化工生产设施实施监督。这样一来，确实可消除现实的化学战能力，使得任何一个缔约国都不能拥有随时可用的化学武器。但公约无法消除一个国家的化学战潜力。任何一个有着相当科学技术实力和化学工业基础的国家，一旦必要时都能很快把潜在的化学战能力转化成现实的化学战能力。

（3）大量生产难以隐瞒，但小量制造核查困难

化学武器生产设施具有明显的外部特征，很容易被远距离侦察手段和现场视察所发现。在公约严格的对化学工业的核查制度和质疑视察制度下，要进行化学武器的大规模秘密生产是很困难的。但小量生产则完全是另一回事，它很容易秘密进行而不会被发现。

公约存在的这些问题，给全面禁止化学武器的美好前景多少留下一些阴影。而在履约过程中还将遇到一些挑战。一是尽管公约将于1997年4月29日生效，但美、俄两个拥有化学武器最多的国家迟迟没有向联合国递交批准书，埃及、叙利亚、伊拉克等一些企图拥有或发展化学武器的国家至今不签约，直接关系到公约的普遍性和有效性。二是美俄两国销毁化学武器及设施步履艰难，估计难以按期销毁，公约的权威性将受到挑战。

1997年公约生效后，美俄两国必须最迟在此后15年内销毁现存的化学武器及设施。从美国来看，美国现在已建成一个销毁系统，试运行5个月销毁化学弹3000枚，折合成毒剂不足20吨，已耗资20亿美元。

据美国估计，要销毁其所有的化学武器及设施，还需建8个销毁系统，需150亿美元的经费，才能在10～15年内销毁完。俄罗斯拥有比美国还多的毒剂，加上国内经济不景气，无力拨出巨款从事销毁工作，难以按期完成销毁任务。如果这两个国家不能按期销毁其所有化学武器设施，其他国家也就有理由不严格执行公约规定。

由此可见，尽管彻底禁止化学武器前途是光明的，但实现公约的目标还有许多未定因素，通向这一目标的道路将是曲折和艰难的。

不容忽视的威胁

在全面禁止化学武器公约签订以后，大量化学武器主要是一元化学武器将被销毁，化学武器的发展也将受到很大制约，但由于公约本身存在的漏洞和某些国家的“不自觉”，化学武器的研究仍将秘密进行。那么未来化学武器将向哪个方向发展？专家们认为，主要是两个方面，一是寻找更有效的条约以外的新毒剂；二是改进化学武器的使用方法和工具。

在新毒剂方面，一个重要的方向就是发展第三代战剂——生化毒剂。化学毒剂的发展大体经历过两次质的飞跃。一次是从现成的工业品氯气、光气等发展到专用毒剂芥子气。芥子气不同的毒理作用，使刚刚完善起来的防毒面具无法防护，从而打破了一度形成的攻防平衡。但由于芥子气毒性较低，综合性能与光气等同属一个档次，故习惯上把它们称为第一代毒剂。毒剂的第二个飞跃是三四十年代以后发展起来的有机磷神经性毒剂，习惯上称它们为第二代毒剂。生化毒剂有可能发展为第三代毒剂。这类毒剂毒性极高，它要求比目前最毒的有机磷毒剂的毒性高出30～300倍，要能够在战场浓度下吸一口气即可致死，使敌方来不及戴上面具就能造成伤亡。这类毒剂将更适合使用的要求，能通过多种途径中毒，特别是要能够通过皮肤渗透中毒，最好还能克服现有的防护器材而发挥作用。这类毒剂还应该是难防难治，现有的抗毒药和解毒药就难以起到防治作用。此外，新毒剂将有较强的隐蔽性，公约很难限制其发展。它便于军民结合，能同时具有和平用途，或其生产原料及工艺能与一般化学工业、医药工业、农药工业等很好地结合，既有利于随时大规模生产以满足化学战需要，又利于躲避国际核查。

新毒剂研究的第二个方向是新的二元化学武器。化学武器二元化是美国武器现代化的重要标志之一。近年来美国极力推行二元化，决心在2000年前后将全部化学武器二元化，与此同时，前苏联和法国也不甘落后，积极研究二元化学战剂。因此，在未来的化学战中，二元化学武器可能将是重要的作战武器之一。

至今，美国研究了二元沙林、二元VX和二元中等挥发性毒剂的二元化学弹药。前苏联时期也秘密研究了比VX毒性强5～10倍的二元神经性毒剂“诺未曲克”。目前，对二元化的概念有了新的拓展。与美国传统的二元概念不同，俄罗斯和东欧国家提出的二元毒剂的概念意义更广泛，其二组分可以是无毒的，也可以是有毒的，生成一种或两种性质不同而又在中毒途径上相互补充的毒剂。例如用二氯碳亚胺甲氟膦酸酯与异丙醇两种物质作为前体组分，这两种组分反应能生成沙林和光气肟两种毒剂，既可通过呼吸道中毒（沙林），又能快速通过皮肤中毒（光气肟）。尽管它只是一种尝试，不一定理想，但是这代表了一种新的动向。为避开公约的限制，寻找出更适合于现时要求的二元毒剂开辟了新途径。

最近，人们对二元化又有了新的设想，有可能发展出二元毒剂的新概念——前体毒剂。即一些无毒或低毒的化合物进入人体后，经过生物转化生成毒剂。这种转化可以是在某些酶的参与下进行的，这种情况称作为“致死合成”；也可以在没有酶的参与下进行。它与传统的二元毒剂既有相同之处，又有不同之处。相同之处是都是无毒化合物，在使用过程中才转化成毒剂。

而不同之处则在于由前体毒剂生成毒剂的反应不是在弹药中进行，而是在人体内进行。而且它一般不是合成反应，而是分解反应。如果这种设想得以实现，则它既可保留传统二元化学武器的各种优点，又可以避免缺点。特别是它不需要复杂的弹药结构。因此，它完全有可能成为国外发展二元化学武器的又一种新方向、新选择。

新毒剂研究的第三个方向是继续寻找新的失能剂，重点是研究使用性能好、廉价的躯体性失能剂。关于这方面的情况前几章已提到，也就不再叙述了。

在改进化学武器的使用上，国外仍将十分重视分散技术的研究，特别是毒剂的微胶囊化，以充分提高毒剂的使用效果，在使用方法和技术上进一步研究更实用的毒剂混合使用配方，以加大化学武器的杀伤威力。在化学武器投掷系统的研制方面，目前已经达到通用化、系列化，即几乎可以用一切现有的常规武器来发射化学弹药，如大炮、火箭、飞机投射系统等。

今后将继续保持这一趋势，并向密集化、远程化和精确化方向发展。发射速度极快的多管火箭炮将更加受到重视，因为它能大面积造成杀伤浓度。

目前美俄都配备有为专供这类武器发射的化学火箭弹。另外，由于现代高技术战争作战方式的变革，出现了机动频繁、攻防转换极快的“非线式作战”，化学武器的战场使用遇到了许多困难，而袭击敌人纵深地区的战略目标（如机场、交通枢纽、核设施、后勤补给基地和指挥通讯中心等）变得更为重要。因此、一些远程的和精确制导的化学武器投射系统也越来越受到重视。如美国正在研制空对地化学导弹、短程弹道导弹和巡航导弹等，在美军的二元化学弹药研制计划中就包括5种化学导弹。

还有报道说，前苏联曾试验过一种用喷洒毒剂重返大气层的飞行物。这种飞行物具有洲际弹道导弹的射程，可以把装载的各种化学毒剂带到遥远的目标上空，然后靠由于大气层引起的弹头翻滚作用，使毒剂得到广泛的分散。可以预见，这种技术无疑在不远的将来有可能得到实际应用。